口絵1 アポロ11号から撮影された地球「ザ・ブルー・マーブル」(NASA)(p.1, 図1.1, およびp.131参照)

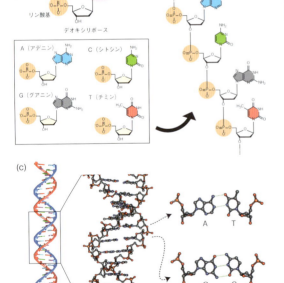

口絵3 ハッブル宇宙望遠鏡で観測された M87(NASA)(p.61, 図3.2参照)

口絵2 DNA(p.29, 図2.2参照)

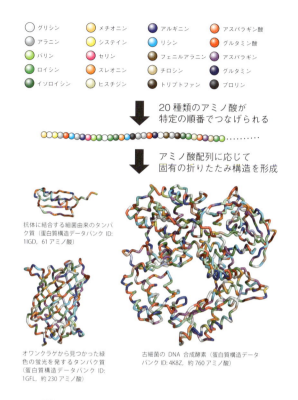

口絵4　アミノ酸とタンパク質（p.30, 図2.3参照）

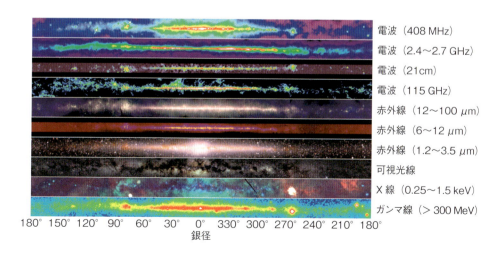

口絵5　波長による天の川の見え方の違い（NASAを一部修正）（p.64, 図3.6参照）

シリーズ 宇宙総合学 3

編　集　（宇宙ユニット）京都大学宇宙総合学研究ユニット
編集委員　柴田一成・磯部洋明・浅井歩・玉澤春史

人類はなぜ宇宙へ行くのか

著　土山明
　　大野博久
　　齊藤博英
　　水村好貴
　　大塚敏之
　　山敷庸亮
　　呉羽真
　　大野照文

朝倉書店

● 編集

京都大学宇宙総合学研究ユニット
[編集委員]

柴田 一成　京都大学大学院理学研究科

磯部 洋明　京都市立芸術大学美術学部

浅井 歩　京都大学大学院理学研究科

玉澤 春史　京都市立芸術大学美術学部

● 執筆者（執筆順）

土山 明　立命館大学総合科学技術研究機構／中国科学院広州地球化学研究所　　（第1章）
　　　　　／京都大学名誉教授／大阪大学名誉教授

大野 博久　京都大学iPS細胞研究所　　　　　　　　　　　　　　　　　　　　（第2章）

齊藤 博英　京都大学iPS細胞研究所　　　　　　　　　　　　　　　　　　　　（第2章）

水村 好貴　京都大学大学院理学研究科　　　　　　　　　　　　　　　　　　　（第3章）

大塚 敏之　京都大学大学院情報学研究科　　　　　　　　　　　　　　　　　　（第4章）

山敷 庸亮　京都大学大学院総合生存学館（思修館）　　　　　　　　　　　　　（第5章）

呉羽 真　大阪大学先導的学際研究機構附属共生知能システム研究センター　　　（第6章）

大野 照文　三重県総合博物館／京都大学名誉教授　　　　　　　　　　　　（あとがき）

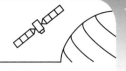

まえがき

　普段から，出前授業などで広く研究成果を紹介することがあります．幼児・小学生から天文好きのシニアの方まで，対象は様々ですが，皆さん目を輝かせて話を聞かれます．「宇宙」に対する印象は人それぞれですが，ロマンや憧れを感じる方が多いのではないかと思います．宇宙の，気が遠くなるような広さ・遠さも魅力でしょう．宇宙の理解はまた，科学の進歩とともに進んでいます．重力波やブラックホール，はやぶさ2など，連日のように宇宙に関する話題が報道され，知的好奇心を刺激される方もおられるでしょう．そして現代社会は，通信衛星や気象衛星などに代表されるように，社会に必須のインフラの一つとして，宇宙を利用する時代になっています．さらに今後人類が宇宙へ進出していく時代も，そう遠くない未来かもしれません．

　未来の人類の本格的な宇宙進出のために，私たちは何をすべきなのか，「人類の宇宙進出にとって解決すべき諸問題」を学問として追究すべきではないでしょうか．そのような新しい学問を「宇宙総合学」と名付け，京都大学の様々な分野，理工系のみならず，医学生物系から人文社会系にいたるまで，あらゆる分野の（宇宙に興味をもつ）研究者が「人類の宇宙進出」に関する諸問題を解決するために「ゆるく」集まってできた組織が，京都大学の「宇宙総合学研究ユニット」（通称：宇宙ユニット）でした．全4巻の本シリーズ「宇宙総合学」は，2008年に発足した宇宙ユニットの参加教員が中心となり，2009年から毎年開講してきた京都大学の全学1，2回生向けの講義「宇宙総合学」の講義録などがもとになったものです．

　第3巻である本書では，「人類はなぜ宇宙へ行くのか」を主題とし，人類が進出している・しようとしている宇宙空間についての最新の知見や，そのために必要な探査や観測を実現する方法を紹介するとともに，生命の起源や宇宙災害（による大絶滅）など生命への影響と宇宙との関わりを述べ，最後に人類が宇宙へ進出する意義を哲学的に考察します．本書の第1章では，小惑星探査機

はやぶさ，はやぶさ2にも携わられた土山明さん（立命館大学教授・京都大学名誉教授）が，人類が進出しようとしている太陽系天体の探査について解説しています．続く第2章では，大野博久さん（京都大学iPS細胞研究所特定拠点助教）と齊藤博英さん（同教授）が地球上の生命の仕組みを説明したのち，その誕生と宇宙との関わりについて概観しています．地球上の生命の起源が宇宙にあるかもしれない，という興味深い話です．第3章では，宇宙ユニットの専任教員（特定助教）だった水村好貴さん（京都大学理学研究科研究員）が宇宙を見ることの基礎的な知識や，特に人工衛星など宇宙空間から宇宙を観測することについて解説しています．そして第4章では大塚敏之さん（京都大学情報学研究科教授）が，探査や宇宙観測を実現している人工衛星について，宇宙空間で実際どのように「制御」しているのか，わかりやすく説明しています．第5章では，山敷庸亮さん（京都大学総合生存学館教授）が，隕石や小惑星の衝突に代表される，宇宙が起因となる大災害について概説されています．ちょっと怖い話ですね．最後の第6章では，宇宙ユニットの専任教員（特定助教）だった呉羽真さん（大阪大学共生知能システム研究センター特任助教）が，そもそも「人が宇宙へ行く意味」はあるのか？　という根本に立ち返り，哲学的な立場から論じています．

　本書の内容の多くは最先端の研究成果に基づいていますが，意欲的な中高生や大学初年生であれば理解できるように，できるだけ予備知識がなくても読み進められるように書かれています．また，本書は全4巻でひとつのシリーズとなっていますが，どの巻から読み始めても構いません．特に，いずれの巻でも，理工学や人文・社会科学に関する章をバランスよく含んでおり，宇宙総合学の奥深さや分野の広がりを感じていただけるかと思います．

　「宇宙総合学」の講義を担当するとともに，本書の分担執筆にご協力いただいた共著者の方々に深く感謝します．また，本書の出版にあたっては，朝倉書店の方々には，企画当初から何から何まで本当にお世話になりました．心より感謝申し上げます．本書を読んだ若者たちの中から，人類の未来の宇宙進出を担うリーダーやパイオニア，宇宙関連の企業家・政治家・研究者・教育者が多数出現するようになれば，編集委員の喜びこれにまさるものはありません．

　2019年11月

　　　　　編集委員　柴田一成・磯部洋明・浅井　歩・玉澤春史

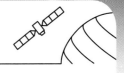

目　次

1　太陽系探査 ………………………………………………［土山　明］…1

1.1　人類はなぜ太陽系へ行くのか …………………………………… 1
1.2　地球の探査 ………………………………………………………… 6
　1.2.1　世界の認識 …………………………………………………… 6
　1.2.2　極域の探査 …………………………………………………… 6
　1.2.3　地球内部へ …………………………………………………… 8
1.3　比較探査学 ………………………………………………………… 9
1.4　太陽系探査の歴史 ………………………………………………… 10
　1.4.1　月探査 ………………………………………………………… 10
　1.4.2　太陽風サンプルリターン …………………………………… 13
　1.4.3　金星探査 ……………………………………………………… 13
　1.4.4　火星探査 ……………………………………………………… 13
　1.4.5　水星探査 ……………………………………………………… 14
　1.4.6　木星型惑星，冥王星探査 …………………………………… 15
　1.4.7　小惑星探査 …………………………………………………… 15
　1.4.8　彗星探査 ……………………………………………………… 16
1.5　「はやぶさ」の小惑星イトカワ探査とサンプルリターン …… 17
　1.5.1　リモートセンシング観測 …………………………………… 17
　1.5.2　サンプル分析 ………………………………………………… 20
1.6　「はやぶさ 2」「オサイリス・レックス」による小惑星探査と
　　　サンプルリターン ……………………………………………… 22
1.7　サンプルリターンと太陽系大航海時代 ………………………… 23

1.8 「我々はどこへ行くのか」‥‥‥‥‥‥‥‥‥‥‥‥‥‥‥‥‥‥‥ 24

2 生命の起源と宇宙 ‥‥‥‥‥‥‥‥‥‥‥‥‥ ［大野博久・齊藤博英］‥**26**

2.1 私たちの起源としての生命の起源 ‥‥‥‥‥‥‥‥‥‥‥‥‥‥‥ 26

2.2 生命とは何か？ ‥‥‥‥‥‥‥‥‥‥‥‥‥‥‥‥‥‥‥‥‥‥‥ 26

   2.2.1 「生命」という言葉の意味するもの ‥‥‥‥‥‥‥‥‥‥‥ 26

   2.2.2 生命の特徴 ‥‥‥‥‥‥‥‥‥‥‥‥‥‥‥‥‥‥‥‥‥ 27

2.3 生命の起源研究 ‥‥‥‥‥‥‥‥‥‥‥‥‥‥‥‥‥‥‥‥‥‥‥ 34

   2.3.1 地質学的な証拠 ‥‥‥‥‥‥‥‥‥‥‥‥‥‥‥‥‥‥‥ 34

   2.3.2 化学進化説 ‥‥‥‥‥‥‥‥‥‥‥‥‥‥‥‥‥‥‥‥‥ 35

   2.3.3 RNA ワールド仮説 ‥‥‥‥‥‥‥‥‥‥‥‥‥‥‥‥‥ 36

   2.3.4 RNA ワールド仮説の問題点 ‥‥‥‥‥‥‥‥‥‥‥‥‥ 38

   2.3.5 タンパク質ワールド仮説 ‥‥‥‥‥‥‥‥‥‥‥‥‥‥‥ 40

2.4 生命の起源と宇宙の関わり ‥‥‥‥‥‥‥‥‥‥‥‥‥‥‥‥‥‥ 41

   2.4.1 パンスペルミア説とアストロバイオロジー ‥‥‥‥‥‥‥ 41

   2.4.2 隕石が生命の材料をもたらした？ ‥‥‥‥‥‥‥‥‥‥‥ 42

   2.4.3 太陽系内での生命探査 ‥‥‥‥‥‥‥‥‥‥‥‥‥‥‥‥ 44

   2.4.4 太陽系外での生命探査 ‥‥‥‥‥‥‥‥‥‥‥‥‥‥‥‥ 51

2.5 合成生物学—生命をつくる ‥‥‥‥‥‥‥‥‥‥‥‥‥‥‥‥‥‥ 51

   2.5.1 合成生物学 ‥‥‥‥‥‥‥‥‥‥‥‥‥‥‥‥‥‥‥‥‥ 51

   2.5.2 細菌をつくる ‥‥‥‥‥‥‥‥‥‥‥‥‥‥‥‥‥‥‥‥ 52

   2.5.3 細胞をつくる ‥‥‥‥‥‥‥‥‥‥‥‥‥‥‥‥‥‥‥‥ 53

   2.5.4 地球生命の仕組みを改変する ‥‥‥‥‥‥‥‥‥‥‥‥‥ 54

   2.5.5 私たちとは全く異なる生命をつくる ‥‥‥‥‥‥‥‥‥‥ 55

2.6 地球生物学から真の生物学へ ‥‥‥‥‥‥‥‥‥‥‥‥‥‥‥‥‥ 56

3 宇宙から宇宙を見る ‥‥‥‥‥‥‥‥‥‥‥‥‥‥‥‥ ［水村好貴］‥**59**

3.1 宇宙を見るということ ‥‥‥‥‥‥‥‥‥‥‥‥‥‥‥‥‥‥‥‥‥ 59

3.1.1　光（電磁波）について ……………………………………………… 59

　3.1.2　宇宙を見るために要求されること ………………………………… 65

3.2　宇宙から宇宙を見る …………………………………………………… 67

　3.2.1　上空から宇宙を見る ………………………………………………… 68

　3.2.2　国際宇宙ステーション ……………………………………………… 71

　3.2.3　人工衛星 ………………………………………………………………… 71

3.3　人類はなぜ宇宙から宇宙を見るのか ……………………………… 78

4　人工衛星はどうやって飛んでいるのか──力学と制御 …［大塚敏之］…81

4.1　生活に欠かせない人工衛星 …………………………………………… 81

4.2　人工衛星はなぜ落ちない？ …………………………………………… 82

4.3　人工衛星からものを投げると？ ……………………………………… 84

4.4　いろいろな軌道 ………………………………………………………… 86

4.5　軌道の決め方 …………………………………………………………… 87

4.6　人工衛星の姿勢も大切 ………………………………………………… 88

4.7　宇宙の構造物 …………………………………………………………… 90

4.8　宇宙でひもを使う ……………………………………………………… 91

4.9　巨大な宇宙構造物の構想 ……………………………………………… 92

4.10　制御とは？ ……………………………………………………………… 93

4.11　産業革命も制御のおかげ ……………………………………………… 94

4.12　最もよい制御とは？ …………………………………………………… 95

4.13　最もよい動かし方を求める …………………………………………… 97

4.14　いろいろな問題に応用できる最適制御 ……………………………… 98

5　宇宙災害 ……………………………………………… ［山敷庸亮］…101

5.1　地球上の災害と宇宙災害 ……………………………………………… 101

5.2　小天体の衝突 …………………………………………………………… 103

5.3　巨大太陽フレア ………………………………………………………… 107

| 5.4 | 太陽伴星（ネメシス）説 …………………………………………… | 109 |
| 5.5 | ガンマ線バースト ………………………………………………… | 111 |

6 人が宇宙へ行く意味 ……………………………… ［呉羽　真］… **117**

6.1	なぜ有人宇宙活動は哲学の問題になるのか ………………………	117
6.2	宇宙進出の意義 ……………………………………………………	120
6.2.1	宇宙進出は人類の運命か？ …………………………………	120
6.2.2	宇宙進出と人類の存続 ………………………………………	123
6.3	有人宇宙活動のデメリット ………………………………………	125
6.3.1	コストの問題 …………………………………………………	126
6.3.2	生命と健康のリスクの問題 …………………………………	128
6.4	有人宇宙活動と人間の文化 ………………………………………	130
6.5	おわりに ……………………………………………………………	134

あ と が き──なぜ私たちは宇宙に行くのか ……………… ［大野照文］… **137**

索　　引 ……………………………………………………………… 139

chapter 1
太陽系探査

土山 明

　人類は古くから知識の版図を広げてきました．古代の遠隔地交易や遠征，大航海時代の世界周航を経て，人類は極域，地球内部や深海の探査を行うとともに，太陽系探査に乗り出しました．人類はなぜ太陽系探査を行うのか，その意義や特徴とはなんでしょうか．月をはじめとする太陽系の様々な天体の探査の歴史を概観し，はやぶさ探査機の小惑星イトカワ探査と地球に持ち帰られたサンプル分析の成果について紹介します．さらに，現在進行中の小惑星サンプルリターン計画（はやぶさ２，オサイリス・レックス）と，サンプルリターン計画に象徴される新しい太陽系大航海時代の探査について述べます．

1.1 人類はなぜ太陽系へ行くのか

「人類はなぜ太陽系へ行くのか？」，これにヒントを与えてくれるのが，図

図1.1　アポロ11号から撮影された地球「ザ・ブルー・マーブル」（NASA）（口絵1参照）

図 1.2 「地球の出」(NASA)
1968年にアポロ8号の乗組員によって撮影.

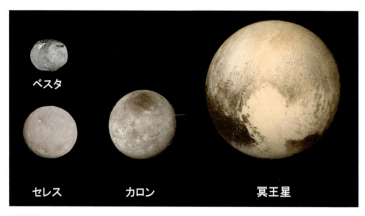

図 1.3 宇宙探査機が撮影した準惑星(セレス,冥王星),小惑星ベスタと冥王星の月(カロン)の画像(NASA)

1.1に示す1枚の写真ではないでしょうか.この写真は,1972年12月,月に向かうアポロ17号から撮影されたもので,「ザ・ブルー・マーブル(The Blue Marble)」と呼ばれています.「地球の出(Earthrise)」(図1.2)同様,地球の写真として最も有名なものの一つで,皆さんもきっとどこかでご覧になったことがあるはずです.「宇宙船地球号(Spaceship Earth)」という言葉ともあいまって,この写真は50年近く経った今でも,広大な宇宙空間に存在する地球の

美しさや脆さ，そして尊さを訴え続けています．この写真が撮影された当時は，米ソの冷戦時代でした．アポロ計画もこの写真も，その産物です．当時の米ソの指導者は，この写真を見て核のボタンを押すのをやめたのかもしれません．もしそうだとすると，冷戦の産物が地球を救ったことになります．

この写真はまた，地球が丸いことを主張しています．「百聞は一見に如かず」です．地球が丸いことは，ギリシアにおいて紀元前から指摘されていましたが，実証されたのは 16 世紀大航海時代の世界一周です．宇宙からの撮影は，1946 年米国のミサイル実験で行われていますが，全球は写っていません．人類が丸い地球を直接見たのは，1968 年アポロ 8 号によって撮影されたものです．様々な観察結果や事象から間接的に物事を理解することも大切ですが，直観的な理解はさらに重要です．図 1.1 の写真からは，地球の丸さだけではなく，中緯度地域に広がる砂漠，白く反射率の高い南極大陸，青い海，渦を巻く白い雲など，様々なことも見てとれます．

太陽系に存在する天体がどのようなものか，地上観測からも多くのことがわかりますが，宇宙機を用いた太陽系探査により人類が初めて見た天体の姿は，想像をはるかに超えたものでした．現在人類は，全ての惑星と準惑星セレスお

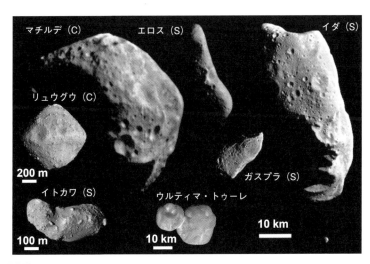

図 1.4　宇宙探査機が撮影した主な小惑星の画像（イトカワ，リュウグウ，ウルティマ・トゥーレ以外のスケールは共通）（NASA, JAXA, 東大など）

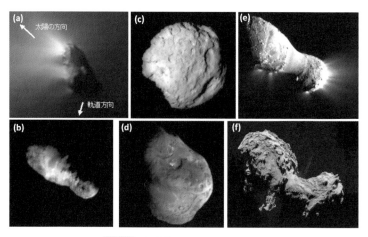

図 1.5 探査機から撮影された彗星核
(a) ハリー彗星 (1P/Halley) (MPAE), (b) ボレリー彗星 (19P/Borrelly) (NASA), (c) ヴィルト第 2 彗星 (81P/Wild) (NASA), (d) テンペル第 1 彗星 (9P/Tempel) (NASA), (e) ハートリー第 2 彗星 (103P/Hartley) (NASA), (f) チュリモフ・ゲラシメンコ彗星 (67P/Churyumov–Gerasimenko) (ESA).

表 1.1 サンプルリターン計画（すでに行われたものと打ち上げ済のもの）

目標天体	計画	国（機関）	打ち上げ（年）	探査期間（年）	地球帰還（年）	有人／無人	サンプル
月	アポロ計画	米国（NASA）		1969-1972		有人	岩石，砂（387 kg）
	ルナ計画	旧ソ連		1970-1976		無人	砂（約 200 g）
太陽	ジェネシス計画	米国（NASA）	2001	2001-2004	2004	無人	太陽風荷電粒子
ヴィルト 2 彗星	スターダスト計画	米国（NASA）	1999	2004	2006	無人	彗星塵（数 10 μm 以下，1000 個以上）
小惑星イトカワ	はやぶさ計画	日本（JAXA）	2003	2005	2011	無人	表層粒子（数 10 μm 以下，1000 個以上）
小惑星リュウグウ	はやぶさ 2 計画	日本（JAXA）	2014	2018-2019*	2020*	無人	表層粒子（数 g を予定）
小惑星ベンヌ	オサイリス・レックス計画	米国（NASA）	2016	2019-2021*	2023*	無人	表層粒子（60 g 以上，最大 2 kg を予定）

*予定

よび冥王星（図1.3）に探査機を送り，月だけでなく多くの衛星，いくつかの小惑星や太陽系外縁天体，彗星といった小天体に対しても探査が行われています（図1.4，図1.5）．さらに，月をはじめとしたいくつかの天体からは，サンプルを地球に持ち帰っています（表1.1）．

このように，人類は太陽系の多くの天体に探査機を送り，サンプルも持ち帰っていますが，その情報は太陽系のごく一部にすぎません．惑星は大きいだけでなく，多様性があります．衛星や太陽系小天体も多様性に富んでいます．木星や土星の衛星エウロパやエンケラドゥスには海があり，生命が存在する可能性も指摘されています．月にも水が存在することがわかってきました．小惑星は15程度のスペクトル型に分類され，表面物質の違いに対応しています．はやぶさ探査機が訪れた小惑星イトカワ（図1.4）や，ロゼッタ探査機が訪れたチュリモフ・ゲラシメンコ彗星（図1.5）は，これまで撮影された小惑星や彗星とは異なる姿であることが明らかにされました．2018年6月にはやぶさ2探査機が到着した小惑星リュウグウは，地上観測から予想していた丸いものではなく，そろばん玉のような形をしていることがわかりました（図1.4）．まさしく，「百聞は一見に如かず」です．

太陽系は大きく多様性に富んでいます．そこに何があるのかを知らなくとも，日々の生活に影響はないでしょう．しかし好奇心をもたない人類に未来はあるのでしょうか？ 将来的に月や火星への移住計画を想定した探査も行われています．このような移住計画がどこまで現実的なものかはさておき，太陽系を知るということは，その成り立ちを知ることであり，太陽系における地球を客観的に知ることでもあるのです[1]．

人類の好奇心は，太陽系に限らず，古来様々な探検や探査の動機となり，様々な発見をもたらしました．ここでは，まずこのような「地球の探査」について簡単に触れ，「太陽系の探査」との相違についても考えてみましょう．

---

[1] これに関連して「比較惑星学」という言葉があります．これは，惑星に共通の性質を探り，その上で各惑星の個性を明らかにしようとするものです．このようなアプローチにより，地球の理解をより深めることも，重要なポイントの一つです．

1.1 人類はなぜ太陽系へ行くのか　5

1.2 地球の探査

1.2.1 世界の認識

　古代から，文化文明が伝播することで，人類の世界の認識は広がってきました．紀元前4世紀のアレクサンドロス3世（大王）による東方遠征，紀元前1〜2世紀のローマ帝国による遠隔地交易など，征服や交易という形で遠隔地交流が行われました．また，シルクロードは，紀元前2世紀頃（前漢）西域南道が確立し，7世紀には玄奘三蔵が『大唐西域記』を著わし，13世紀にはマルコ・ポーロ（Marco Polo）が元を訪れています．11〜13世紀には十字軍遠征が行われ，東西交流はより発展しました．

　15世紀になると大航海時代が始まります．ヴァスコ・ダ・ガマ（Vasco da Gama）らによる東回り航路やクリストファー・コロンブス（Christopher Columbus）らによる西回り航路が開拓され，やがて16世紀にはフェルディナンド・マゼラン（Ferdinand Magellan）とフアン・エルカーノ（Juan S. Elcano）により世界周航が成し遂げられ，地球が丸いことが実証されました．16〜17世紀には英国・フランス・オランダ・ロシアなどの後発国が活躍し，不毛地帯を除いた多くの地域に欧州人が到達します．このようにして，交易が進み，多くの珍しいものが紹介されました．一方，大英帝国に代表されるような富の集中や，植民地支配が始まりました．

　やがて大航海時代は終焉を迎えますが，人類による探検は続きます．特筆すべきは，19世紀の英国海軍の測量船であるビーグル号の航海でしょう．2度目の航海（1831〜1836年）にチャールズ・ダーウィン（Charles R. Darwin）が乗船し，ガラパゴス諸島などを訪れています．このとき観察した生物の多様性などをもとに，ダーウィンの進化論として知られる『種の起源』が1859年に刊行されます．また，動植物や化石，岩石などが標本として採取されています．

1.2.2 極域の探査

　極域の探査は，19世紀に始まり，南極大陸の発見は1820年とされていま

6　│　1　太陽系探査

図1.6　月隕石（やまと隕石：Yamato-86032, 左右約2.5 cm）（国立極地研究所　提供）

す．1890年代末からは南極探検が盛んになり，1911年にロアール・アムンセン（Roald E. G. Amundsen）（ノルウェー）が初めて南極点に到達しています．日本では白瀬矗が1912年に南極大陸探検を行い，以降の日本の南極観測のきっかけとなりました．南極点上空の初飛行は1929年でした．1930～1940年代には各国が南極の領有権を主張するようになりますが，1959年の南極条約の締結により，南極地域における領土主権・請求権の凍結，平和的利用（軍事的利用の禁止），科学的調査の自由と国際協力が決議されました．

　1946～1947年にかけて，米国海軍は恒久基地建設など大規模な南極観測プロジェクトを開始しています．日本では，1957年に南極観測が始まりました．1969年に日本の南極地域観測隊が隕石を発見したことを契機に，1970年以降，日本隊がやまと山脈付近の裸氷帯などで多量の隕石（「やまと隕石」と総称）を発見し（図1.6），日本は隕石の保有数で世界トップレベルになりました．その後，米国など各国により南極隕石が採取され，2019年9月21日時点での隕石総数6万1842個，うち南極隕石は4万4224個と，全体の72％を占めています．氷の上の隕石だけでなく，氷や雪を融かして閉じ込められている宇宙塵も回収されています．また，過去の地球環境の復元を目的とした氷のコアのサンプルや，多くの岩石試料も採取され研究されています．

　北磁極を目指す最初の探検は1831年にジェイムズ・ロス（James C. Ross）（英）率いる探検隊によるものでした．1926年にはアムンセンたちが飛行船ノルゲ号で北極点上空を飛行しています．1958年には米国の原子力潜水艦ノーチラス号が北極点の下を通過，1977年にはソ連の原子力砕氷船が水上艦とし

て初めて北極点に到達しています．徒歩での北極点到達の公式認定は 1969 年，ウォリー・ハーバート（Walter "wally" Herbert）（英）によるものです．日本人初の北極点到達は 1978 年の日本大学山岳部によるもので，3 日遅れて植村直己が世界初の北極点犬ゾリ単独行により北極点に到達しています．

● 1.2.3　地球内部へ

　SF の父とも呼ばれるジュール・ヴェルヌ（Jules G. Verne）（フランス）は，1870 年に『海底二万里』を発表していますが，近代的な米国海軍の潜水艦が就航したのは 1900 年になってからです．米国海軍のバチスカーフ・トリエステ号がマリアナ海溝最深部（1 万 900 m）に到達したのは，1960 年のことです．日本では，1970 年にしんかい（600 m まで潜水可能）が就航し，1989 年に完成したしんかい 6500（6500 m まで潜水可能）が運用中です．1970 年頃からは各国が無人・有人の深海探査に乗り出しました．新種の生物やメタンハイドレート，マンガン団塊，コバルトクラスト，熱水鉱床等が次々と見つかり，深海での生命活動や地質活動が明らかになりました．

　世界の海底の様子，海洋生物などを調査し，海洋学の基礎をつくったのは，1872〜1876 年にかけて行われたチャレンジャー号探検航海（英）です．地球の海洋地殻は大陸に比べて薄いので，海底を掘削（ボーリング）すると，地殻の下にあるマントルまで掘り進む距離が格段に短くてすみます．1961〜1966 年にかけて，当時宇宙開発計画でソ連に遅れをとっていた米国は，石油掘削船を用いてマントルまでボーリングを行おうというモホール計画を開始しましたが，頓挫します．しかしモホール計画で培かわれた技術は，1960 年代後半の深海掘削計画（DSDP：Deep Sea Drilling Project）や 1970 年代後半の国際深海掘削計画（IPOD：International Phase of Ocean Drilling）に引き継がれ，プレートテクトニクスの確立や発展，地球環境史の解明など，地球物理学や海洋地質学などに大きく貢献し，2003 年からは統合国際深海掘削計画（IODP：Integrated Ocean Drilling Program）として発展しています．日本でもマントル掘削を最終目標とした地球深部探査船（掘削船）「ちきゅう」が 2006 年から運用を開始していますが，2019 年 9 月時点でマントル掘削には至っていません．

8　│　1　太陽系探査

ヴェルヌは，1864 年に『地底旅行』を，1865 年には『月世界旅行』を発表しています．『海底二万里』のノーチラス号は 1954 年に完成した米国の原子力潜水艦の名前として採用され，また『月世界旅行』は 1969 年の米国航空宇宙局（NASA）のアポロ計画で実現します．一方『地底旅行』で描かれた地下の大空洞は実在せず，地底旅行も実現していません．6 km の海洋地殻を掘削するのさえ実現していないのです．人類が手にすることのできる地球最深部の物質は上部マントルを構成するかんらん岩で，マグマの噴火や造山運動によって地表にやってきたものです．それ以上深いところの物質は，地震波測定と高温高圧実験を組み合わせることにより推定するしかありません．地球深部探査は「百聞は一見に如かず」とはいかないのです．宇宙探査は地球内部探査に比べると，ある意味でははるかに楽といえるでしょう．

1.3　比較探査学

　前節で述べた「地球の探査」は，太陽系の探査とどのような類似点，相違点があるのでしょうか？　ここから，太陽系探査の特徴が見えてきます．惑星科学では「比較惑星学」というアプローチ[1]がありますが，「比較探査学」と呼びましょう．

　大航海時代に代表される「世界の探査」は，探検的な要素をもつとともに，領土の拡大・獲得を目的とした侵略（軍事的活動）や，富の追求を目的とした交易（経済的活動）という要素を伴います．植民地支配が確立されると，ビーグル号の航海のように，知識（好奇心）の拡大を目的とした科学的活動も積極的に行われるようになり，博物学から近代科学への道筋が拓かれました．南極の探査では，南極条約により平和利用や科学調査が保証されていますが，領有権はあくまで凍結されているにすぎません．太陽系探査では，1967 年に締結された「月その他の天体を含む宇宙空間の探査及び利用における国家活動を律する原則に関する条約」（通称：宇宙条約）により，宇宙空間における探査と利用の自由，領有の禁止，宇宙平和利用の原則などが定められていますが，軍事的・経済的活動も「人類はなぜ太陽系へ行くのか？」への答の一つには違いありません．

「探査」は技術に大きく依存するため，技術開発も重要です．大航海時代は船と航海術の発展によって実現しました．極域探査では船や航空機，潜水艦の，海洋探査では潜水艦や深海調査艇，掘削船の開発が行われてきました．太陽系探査でも，弾道飛行から周回飛行，地球重力圏の脱出，さらに地球への帰還と，航空・宇宙飛行技術が発展してきたことはいうまでもありません．またこれらの技術開発は，危険を伴う冒険から，安全で持続性のある探査への道のりでもあります．しかしながら，太陽系の有人探査は，依然として危険を伴う冒険です．言い換えると，そこには大きなフロンティアが広がっています．

「探査」の結果は記録され，伝えられなければなりません．古くは文字や絵として記録が残されてきましたが，19世紀後半の写真の登場以降，画像の役割が重要になりました．一方，交易のために動植物や工芸品などの産物が多く持ち帰られ，その様々な珍しいものは，人々の好奇心を刺激しました．標本としての動物・植物・鉱物（化石）も持ち帰られ，博物学の発展に大きく寄与し，やがてこれらの研究から近代科学への道が拓かれました．宇宙探査機が月や小惑星などに行ってサンプルを持ち帰るというサンプルリターン計画は，現代の新しい博物学ともいえるでしょう．

1.4 太陽系探査の歴史

人類初の人工衛星（地球周回衛星）は1957年にソ連が打ち上げたスプートニク1号です．米国も同年に人工衛星（ヴァンガードTV3）の打ち上げを試みましたが失敗，翌年の1958年にエクスプローラー1号が米国初の人工衛星となりました．ヴァンガードTV3は米国海軍，エクスプローラー1号は米国陸軍のものです．ショックを受けた米国は，1958年にNASAを設立，ソ連との宇宙開発競争に突入しました．

● 1.4.1 月探査
太陽系探査は1958年に月を目標として始まりました．図1.7には目標天体ごとの探査機の打ち上げ数と年を示しました．1958年に打ち上げた探査機は，ソ連，米国ともに失敗に終わっていますが，翌年の1959年1月にソ連のルナ

10 ｜ 1 太陽系探査

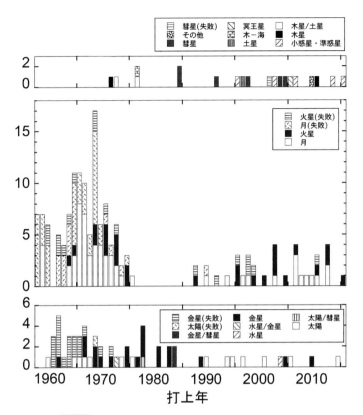

図 1.7 目標天体ごとの太陽系探査宇宙機打ち上げ数と年
失敗したものも含んでいますが，打ち上げ失敗を除いて，何をもって成功・失敗とするかは解釈の違いもあるので，ある程度恣意的になっています．

1 号が初めて月の近傍を通過（フライバイ）し，約 2 カ月遅れで米国のパイオニア 4 号がフライバイしました．同年 9 月にはソ連（ルナ 2 号）が初めて月に到達（衝突）し，次いで 1964 年には米国（レインジャー 6 号）も月到達（衝突）しました．1966 年に探査機が月面に初めて軟着陸したのもソ連（ルナ 9 号）で，米国（サーベイヤー 1 号）は約 4 カ月遅れています．

米国は，有人宇宙飛行でもソ連に遅れをとっていました．1961 年 4 月にソ連の宇宙飛行士ユーリー・ガガーリン（Yurii A. Gagarin）がボストーク 1 号で初の有人宇宙飛行に成功し，米国の有人宇宙飛行は約 1 カ月遅れの 1961 年 5

月，アラン・シェパード（Alan B. Shepard）を乗せたマーキュリー・レッドストーン号によるものでした．1965 年 5 月には，米国大統領ジョン・ケネディ（John F. Kennedy）が 1960 年代中に人間を月に到達させるとの声明を発表します．1969 年 7 月にアポロ 11 号の司令船「コロンビア」から分離された着陸船「イーグル」が月の「静かの海」に軟着陸し，ニール・アームストロング（Neil A. Armstrong）船長とバズ・オルドリン（Buzz Aldrin）月着陸船操縦士が人類として初めて月面に降り立ち，月のサンプルを採取して地球に持ち帰りました．人類初のサンプルリターンです．アポロ計画は 1972 年の 17 号まで，月の海だけでなく高地の調査も行い，合計約 400 kg の岩石と砂が地球に持ち帰られました（表 1.1）．これにより，クレーターは天体衝突によってでき，玄武岩マグマがクレーターを埋めて月の海をつくっていることがわかりました．さらに，月の高地の岩石の分析により，月の表面は形成初期にはマグマの海（マグマ・オーシャン）に覆われていたことがわかり，その後の惑星形成論に大きな影響を与えました．ソ連も 1970 年に無人月探査機ルナ 16 号などにより合計約 200 g の月試料を採取し，地球に持ち帰っています．

　月探査は 1976 年のソ連のルナ 24 号を最後にして，1990 年に日本が打ち上げた「ひてん」まで一時途絶えました（図 1.7）．その後，米国のクレメンタイン（1994），ルナ・プロスペクタ（1998），LRO（2009）が，月での水の探査などを行っています．月には大気がないので，昼間地表温度が上昇し，水は存在しないと考えられてきましたが，極域のクレーターの壁には日照のない永久影が存在し，氷の存在が指摘されています．日本は 2007 年に「かぐや」を打ち上げ，詳細な地形や反射スペクトルを取得しました．欧州は 2003 年，中国は 2007 年，インドは 2008 年に月探査機の打ち上げに成功しています．また，中国は 2013 年に月面への軟着陸に成功し，2018 年には月の裏側への軟着陸に世界で初めて成功，サンプルリターンも計画されています．日本でも，軟着陸が計画・立案され，2021 年度の打ち上げを目指しています（SLIM（Smart Lander for Investigating Moon）計画）．今後，米国などにより月面基地を目指した月探査が行われるかもしれません．地球に最も近い月の探査は，科学的な目的にとどまらず，人類の月利用にとっても重要なものであり，このような目的も含めて進められていく，古くて新しいものです．

12 　| 　1 太陽系探査

● 1.4.2　太陽風サンプルリターン

　宇宙機が初めて月に行った 1959 年の翌年，1960 年には，米国のパイオニア 5 号が打ち上げられ，地球と金星軌道の間の太陽周回軌道を周回し，その後も太陽の周回観測が引き続き行われています．地球のラグランジュ点の一つ，L1 にある物体は地球や月に遮られることがないので，太陽の観測を行うのに理想的な場所です．2001 年に打ち上げられた NASA のジェネシスは，2004 年まで L1 に滞在し，太陽からやってくる荷電粒子（太陽風）を捕獲しました（表 1.1）．太陽風が打ち込まれたサンプル基盤を搭載した回収カプセルは地表に激突し，砂漠の砂の汚染が危ぶまれましたが，多くの科学者の努力により，太陽風の酸素同位体組成（すなわち太陽系全体の酸素同位体組成）が初めて明らかにされるなど，大きな成果を挙げています．

● 1.4.3　金星探査

　月に次いで人類が探査機を送り込むことに成功した天体は金星です．1962 年にマリナー2 号（NASA）が初めて金星にフライバイ，1967 年にはベネラ 4 号（ソ連）が金星に降下カプセルを投入しています．ソ連は 1975〜1984 年にかけて着陸機を下ろし，金星の厚い大気と高温の地表の観察や分析を行うなど，探査を推し進めてきましたが，その後探査を行っていません（図 1.7）．NASA は 1989 年にマゼランにより，レーダーを用いて金星のほぼ全域の地形マッピングを行いました．日本は 2010 年に「あかつき」を打ち上げましたが，周回軌道投入に失敗，5 年後に再度周回軌道投入を試み，大気観測を行っています．

● 1.4.4　火星探査

　火星探査は，1964 年に打ち上げられた NASA のマリナー4 号によるフライバイに始まります．1971 年には NASA とソ連の探査機 3 機が火星の周回軌道に入りました．この中のマルス 3 号の着陸船（ランダー）が軟着陸に成功しましたが，直後に通信が途絶えてしまいます．本格的な着陸機による探査は，1975 年に打ち上げられたバイキング 1 号，2 号によるものです．着陸船から送られてきた火星の画像は人々を驚かせ，生命探査も試みられました．1997 年

1.4　太陽系探査の歴史　｜　13

にはNASAのマーズ・パスファインダーが着陸し，火星には過去に水が存在したことを示しました．その後，氷に覆われた極冠，太陽系最大の火山（オリンポス山）やマリネリス峡谷などの詳細が明らかになり，様々な水の証拠や有機物の発見がなされています．2015年にはNASAはマーズ・リコネッサンス・オービターが，高濃度の塩を含む水が地表を流れる様子を発見したと発表しました．2012年から運用されているNASAの探査車（ローバー）キュリオシティーは，堆積作用や続生作用を示す地層を発見するとともに，2018年6月には複雑な有機分子を発見し，かつて火星に生命がいた可能性もあることを示しています．一方，1996年にNASAの研究グループが，火星起源の隕石（ALH84001隕石）に過去の生命活動の痕跡を見出したと発表し，当時大ニュースとして世界を駆け巡りました．その後，様々な議論がなされましたが，火星生命の決定的な証拠は得られていません．今後も，水，有機物，生命というキーワードで，火星探査が進められる予定です．日本では，宇宙航空研究開発機構（JAXA）が1998年に火星周回観測を目指して「のぞみ」を打ち上げましたが，周回軌道への投入に失敗し，2003年に火星から1000km離れた地点を通過しています．

火星には10〜20km程度の2つの小さな衛星（フォボス，ダイモス）が知られています．ソ連は1988年にフォボス2号を打ち上げましたが，フォボスへの接近には失敗しました．JAXAはこれらの衛星からのサンプルリターンを行うために，火星衛星探査計画（MMX : Martian Moons eXploration）で2024年の打ち上げを目指しています．

● 1.4.5　水星探査

水星は太陽に近いため，太陽の重力や太陽からのエネルギー（荷電粒子・温度）が探査を難しいものにしています．最初に水星に到達したのはNASAのマリナー10号で，1974年に水星近傍をフライバイし，その後1975年には327kmまでに再び接近し，クレーターの多い水星の表面の様子を明らかにしました．2004年に打ち上げられたNASAのメッセンジャーは2011年に周回軌道に入り，全球を撮影し，極域の永久影に水を見出しました．2018年に欧州宇宙機関（ESA）とJAXAが共同で打ち上げたベピ・コロンボは，2025年

に水星到着予定です.

● 1.4.6 木星型惑星, 冥王星探査

NASAのパイオニア10号は1973年に木星に初めて到達し, 接近撮影や巨大な磁気圏の観測を行いました. 姉妹機のパイオニア11号は, 1974年に木星に接近し観測を行った後, 1979年初めて土星に到達した探査機となりました. NASAのボイジャー2号は, 1979年に木星, 1981年には土星に接近して詳細な観測を行った後, 1986年には天王星, 1989年には海王星を訪れ, 近接撮影を行いました. ボイジャー1号も含めてこれらの探査機は, 惑星の観測, 衛星や輪の観測を行っただけでなく, 現在海王星の軌道を超えて太陽系外に向かって航行中です.

木星の周回軌道に初めて入ったのはNASAのガリレオ (1989年打ち上げ, 1995年到着) です. プローブが木星大気圏に突入され, 探査機自身も7年余りにわたって木星やガリレオ衛星などの観測を行いました. NASA/ESAの探査機カッシーニ (1997年打ち上げ) は2004年に土星の周回軌道に投入されました. 2005年にはホイヘンスが衛星タイタンに着陸し, 地球の地表の風景に似た画像を送ってきましたが, そこはメタンと氷の世界でした. また, 衛星エンケラドゥスに大規模な地下海を発見し, 微生物が生息する可能性の高いことを示しました (本シリーズ第4巻第2章 (佐々木貴教), 本巻第2章参照).

2006年に打ち上げられたNASAのニュー・ホライズンズは2015年に冥王星に到着, 表面にハート型をした明るい領域があることを発見し, 衛星カロンの観測も行いました (図1.3).

● 1.4.7 小惑星探査

ガリレオ探査機は木星へ向かう途中, 1991年にガスプラを, 1993年にイダを撮影し, 小惑星の近接画像が初めて得られました (図1.4). NASAのNEARシューメーカー (1996年打ち上げ) は2000年にエロスの周回軌道から詳細画像を撮影するとともに, 2001年には軟着陸に成功しています. 2003年に打ち上げられたJAXAのはやぶさ探査機は2005年にイトカワに到着, 着陸してサンプルを採取した後, 2010年に地球に帰還しました (1.5節参照).

1.4 太陽系探査の歴史 | 15

JAXAの「はやぶさ2」(2014年打ち上げ)，NASAの「オサイリス・レックス」(2016年打ち上げ)は，2018年にそれぞれリュウグウ，ベンヌに到着し，2020年と2023年にサンプルが地球帰還予定です (1.6節参照)．また，ニュー・ホライズンズは冥王星探査後，2019年1月にウルティマ・トゥーレに最接近し，興味深い姿を撮影しました (図1.4)．この小惑星はこれまで探査機が到達した最も遠方の天体です．

NASAのドーン (2007年打ち上げ) は，2011年に小惑星帯にあるベスタに到着し (図1.3)，詳細な地図を作成，地上観測から予想されていたHED隕石 (玄武岩質の隕石) の存在を示しました．その後，探査機は2015年に準惑星セレスを訪れ，氷を発見しています．

● **1.4.8 彗星探査**

1986年に地球に接近したハリー彗星 (図1.5a) に向けて，ESA，NASA，ソ連や日本によりいくつかの探査機 (「ハリー艦隊」と呼ばれます) が打ち上げられました．中でもESAのジオット，ソ連のヴェガ1号，2号は，彗星核に近づき，彗星核は雪だるまという従来のイメージとは異なって，反射率4％という真っ黒な石炭のような姿であることを示しました．2004年にはNASAのスターダストがヴィルト第2彗星 (図1.5c) に接近して塵を採取し，2006年に地球に持ち帰りました．サンプル分析により，有機物が検出されただけでなく，太陽系形成初期に内側の高温領域で生成された微粒子が，外側の低温領域

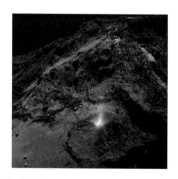

図1.8 ロゼッタ探査機が撮影したチュリモフ・ゲラシメンコ彗星で見られたプリューム (ガスやダストの噴出現象) (ESA)

へと運ばれたことがわかりました．2005年には，NASAのディープ・インパクト探査機が，テンペル第1彗星（図1.5d）に重さ370 kgの物体を衝突させて，彗星の内部構造を探査しました．ESAのロゼッタ探査機は，2014～2016年の2年間にわたってチュリモフ・ゲラシメンコ彗星の周回軌道に入り，想像もしなかったような彗星の姿を明らかにするとともに（図1.5f），太陽に接近した彗星の活動の様子を詳細に捉え，塵や有機物の分析を行いました．また，着陸機フィラエが彗星表面に着陸し，詳細画像を送ってきました（図1.8）.

1.5 「はやぶさ」の小惑星イトカワ探査とサンプルリターン

「はやぶさ」の成果は，リモートセンシング観測とサンプル分析に大きく分けられます．

● 1.5.1 リモートセンシング観測

「はやぶさ」以前に観測されていた10 km以上のサイズの比較的大きな小惑星は，小天体衝突によってできたレゴリスと呼ばれる細かな粒子で表面を覆われ，さらなる衝突によりつくられたクレーターが存在するという，月の表面に類似したものでした（図1.4）.「はやぶさ」が撮影したイトカワは，地上観測から予想していた小さな小惑星（535×294×209 m）でしたが，2つの天体がくっついたラッコにたとえられる形をしていました（図1.9A）．その表面は，レゴリスに覆われた平滑な領域（図1.9B）もありましたが，多くの領域は最大50 mもある多数の岩塊で覆われていました（図1.10）．測定されたイトカワの質量から求められた平均密度（1900±130 kg/m^3）は，イトカワを構成すると考えられる物質の密度（3400 kg/m^3）よりも小さく，イトカワの空隙率が40%もあることがわかりました．これらの特徴から，イトカワはもともと大きな天体に別の天体が衝突してカタストロフィックな破壊が起き，破片の一部が重力で再集積してできたという「ラブルパイルモデル」が実証されました．

イトカワには，10～100 mサイズの衝突クレーターが確認されています．一方，岩塊地域にあるクレーターの形状から，小さなクレーターは隕石衝突や惑星接近が引き起こした振動により変形，消失したと考えられています．クレー

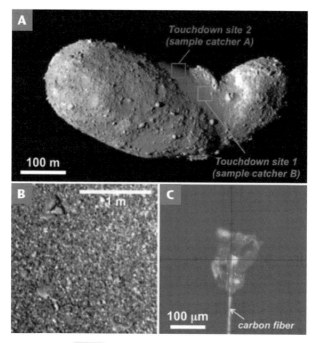

図 1.9　小惑星イトカワとイトカワ粒子
(A) サンプル採取地点（サンプリングは 2 回試みられました）(JAXA)，(B) 付近のクローズアップ画像（ISAS, JAXA），(C) 採取されたイトカワ粒子の光学顕微鏡像．

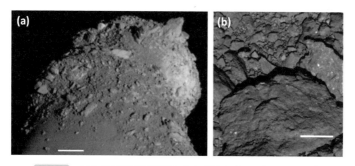

図 1.10　はやぶさ探査機が撮影した小惑星イトカワ (ISAS, JAXA)
(a) 大きな岩塊の多いイトカワの西半球，(b) 岩塊密集地域のクローズアップ画像．

ターは浅いものが多く，その内部が 1～10 cm 程度の小石で埋まっているものもあり，イトカワ表面での物質移動が原因とされています．イトカワではクレ

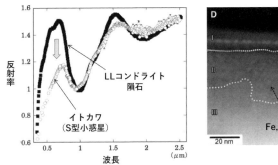 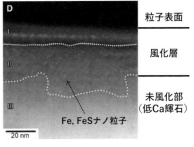

図1.11 イトカワに見られる宇宙風化
左：S型小惑星イトカワとLLコンドライト隕石の反射スペクトル（矢印は宇宙風化による赤化および暗化を示します）．
右：イトカワ粒子表面に見出された宇宙風化層（表面を含む断面の透過型電子顕微鏡写真），Noguchi *et al.* (2011) を改変．

ーターをつくらない程度の小さな衝突も頻繁にあり，イトカワ全体を振動させ，衝突破砕などにより生成された小石が，重力ポテンシャルの低い方へ移動したことで，なめらかな地域（レゴリス層）が生成されたと考えられています．直径10〜100 mのクレーターの分布から，イトカワの形成年代は7500万〜数億年前の間と推定されています．

隕石は，月と火星を起源とするごく少数のものを除き，落下隕石の軌道解析や反射スペクトルの比較から，小惑星起源と考えられてきました．実験室で測定された隕石の反射スペクトルは小惑星の可視・近赤外域の観測スペクトルと一致するものが多いのですが，落下の最も多い普通コンドライト隕石の反射スペクトルは，最も類似したS型小惑星（典型的な岩石質天体と考えられる）と一致せず，S型小惑星のスペクトルの方が全体的に暗く，波長が短いほど反射率が低い「赤化」の傾向があり，輝石やかんらん石に特有の吸収帯が相対的に弱いのです（図1.11左）．これは，小惑星だけではなく月や水星など大気のない岩石天体で共通している現象で，宇宙塵の高速衝突による加熱や太陽風の照射により生成された数10 nmサイズの金属鉄微粒子が原因とされ，「宇宙風化作用」と呼ばれています．「はやぶさ」が観測したイトカワの反射スペクトルは，地上観測と同様に，宇宙風化を受けたLLコンドライトを支持するもので

した．一方，イトカワ表面には，地形の特徴と関連して明るさの違いが見出され，宇宙風化の程度の違いを反映している（急傾斜地では岩塊層が剥離して宇宙風化の程度の低い明るい層が露出している）と考えられています．また，クローズアップ画像には，暗色の岩塊の表面に明るい色の斑が確認できますが（図1.10b），これは塵の衝突で表面の風化層が削られた微小クレーターとされています．

● 1.5.2　サンプル分析

　小さなイトカワはほとんど重力がないため（$7 \times 10^{-6}\,g$），探査機はイトカワのレゴリス地域に着地すると同時に，弾丸を発射して舞い上がった表面の粒子を採取し素早く上昇するという方式（タッチ・アンド・ゴー方式）で，1 g 程度のサンプル採取を行う予定でした．探査機は2箇所（図1.9A の Touchdown site 1 および2）に着地しましたが，弾丸は発射されず，それでも少量の微粒子（最大約300 µm で多くは10 µm 以下，2000 個以上の粒子，総量は100 µg 程度）が採取されました（図1.9C）．地球に帰還したサンプルは，2011 年に1年間かけて初期分析が行われ，その後国際公募による詳細分析が続いています．

　微量で微小なサンプルから最大限の情報を効率よく得るために，最新のナノ分析手法を取り入れ，非破壊法である X 線 CT 分析を上流に据え，さらに地球大気や有機物による汚染防止も考慮した系統的な分析フローに従って，1粒子ずつ初期分析が行われました．粒子を構成する鉱物は，かんらん石，低 Ca 輝石，高 Ca 輝石，斜長石，トロイライトと，微量のカマサイト，テーナイト，クロム鉄鉱，カリ長石，燐灰石，メリルライトで，その組み合わせ，量比と組織（図1.12），化学組成や酸素同位体組成から，イトカワの表面物質は LL コンドライトに対応することがわかりました．これにより，隕石のふるさとが小惑星であることが物質科学的に確証されました．

　また様々な分析により，イトカワの形成と進化が明らかにされました（図1.13）．イトカワは多数の衝突破片が集まったラブルパイル天体なので，大衝突が起こる前には母天体が存在していたはずです．鉛や希ガスの同位体を用いた年代測定により，母天体の生成年代や衝突年代がわかります．一方，鉱物を用いた地質学温度計により，イトカワ粒子はおよそ摂氏800 度で長時間加熱さ

20　｜　1　太陽系探査

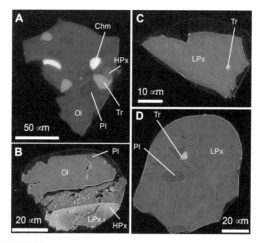

図 1.12 イトカワ粒子のCT断面像（Tsuchiyama, 2014）
（A）RA-QD02-0031,（B）RA-QD02-0048,（C）RA-QD02-0038,（D）RA-QD02-0042. Ol：かんらん石，LPx：低Ca輝石，HPx：高Ca輝石，Pl：斜長石，CHM：クロム鉄鉱，Tr：トロイライト．

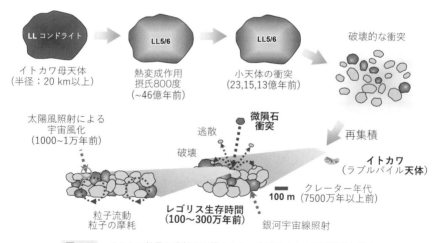

図 1.13 イトカワ粒子の分析から得られた，小惑星イトカワの形成と進化

れていたことがわかりました．イトカワ母天体が^{26}Alの崩壊により加熱されたとすると，半径20 km以上の母天体が約46億年前に形成されたことになりま

1.5 「はやぶさ」の小惑星イトカワ探査とサンプルリターン | 21

す．また大規模な衝突の年代として 23〜13 億年前が得られていますが，イトカワをつくった衝突がいつ起こったか，正確な年代はまだわかっていません．

イトカワのような大気のない天体表面にある粒子は宇宙環境との界面であり，微小天体の衝突，太陽風や宇宙線の照射など様々なプロセスの情報が記録されているはずです．イトカワ粒子の表面には宇宙風化を受けた極めて薄い層（100 nm 以下）が見出され，月に次いで小惑星においても宇宙風化が起きていることが実証されました（図 1.11 右）．宇宙風化層を詳しく調べることにより，イトカワでの宇宙風化は主として太陽風の打ち込みによることがわかりました．イトカワ粒子からは太陽風起源の同位体組成をもつ希ガス（He, Ne, Ar）も検出されています．さらに，希ガス濃度や宇宙風化層の生成速度などから，レゴリス層の年代や宇宙風化のタイムスケールも推定されています（図 1.13）．

イトカワ粒子の 3 次元形状（3 軸比）は，粒子が微小天体の衝突によって形成されたことを示唆しています（イトカワ表面での昼夜の繰り返し（熱サイクル）に起因した熱疲労による破壊という説もあります）．実際，多くの粒子は衝突破壊によるシャープなエッジをもち，粒子表面には衝突によってできたナノクレーターや衝撃溶融物も観察されます．一方，一部の粒子は丸いエッジをもち，粒子が機械的に摩耗されていることもわかりました．大気や水のない小惑星表層での粒子の摩耗は予想されていませんでしたが，先に述べたイトカワ表面での物質移動によるものと考えられています．

以上のように，イトカワの表面では，(1) 微小天体の衝突によるレゴリス粒子の生成，(2) 太陽風照射による宇宙風化層の生成（タイムスケール：1000〜1 万年），(3) 粒子流動によるレゴリス粒子の摩耗（タイムスケール：1 万年以上），(4) 衝突によるレゴリス粒子の散逸（タイムスケール：100 万年程度あるいはそれ以上）といった様々なプロセスによる進化の様子がわかってきました．

1.6 「はやぶさ 2」「オサイリス・レックス」による小惑星探査とサンプルリターン

JAXA のはやぶさ 2 探査機は，2018 年 6 月に C 型小惑星リュウグウに到着し，周回軌道からの観測を行うとともに，2019 年 2 月にはタッチ・アンド・ゴー方式によるサンプリングや人工物衝突によるクレーター生成実験に成功し，

2020年12月に地球帰還を目指しています．はやぶさ2探査機が撮影したリュウグウは，予想に反してそろばん玉のような形をしており（図1.4），NASAのオサイリス・レックスの対象天体であるB型小惑星ベンヌとそっくりでした．ベンヌは高速で自転している天体で（自転周期：4.3時間），岩や小石が赤道付近に集まった形が予想されていたのですが，リュウグウは自転速度がさほど大きくないため（自転周期：7.5時間程度），この姿からかつては高速回転していたのかもしれないと考えられています．C型やB型の反射スペクトルをもつ小惑星は，炭素質コンドライトと呼ばれる隕石あるいはその類似物からなると考えられます．この隕石は，鉱物だけでなく水（鉱物の中にOH基やH_2O分子として含まれる）や有機物を含んでいて，それぞれが固体地球，海洋，生命と関係しているかもしれません．このようなサンプルが地球に帰還し，詳細な分析が行われることにより，大きな成果が期待されます．

1.7　サンプルリターンと太陽系大航海時代

先に述べたように，ボイジャー1号と2号は，1979〜1981年にかけて木星や土星を訪れ，2号はさらに1986年と1989年にそれぞれ天王星と海王星を訪れました．惑星だけでなくその衛星や輪の美しい画像が多量に地球に送られ，様々な発見がなされ，「太陽系の大航海時代」と呼ばれましたが，サンプルが持ち帰られることはありませんでした．

探査機によって地球以外の天体から試料を持ち帰ることをサンプルリターン，その試料をリターンサンプルと呼びます．地球に落下する隕石や宇宙塵は，地球外物質として太陽系の起源や進化についての情報をもっていますが，どの天体のどの場所からやってきたのかという重要な情報が欠落しています．

初めてのサンプルリターンは，1969〜1972年にかけて有人で行われたアポロ計画で，合計約400 kgの岩石と砂が地球に持ち帰られました．また，ソ連も1970〜1976年にかけて無人のルナ計画で月の砂の試料を合計約200 g持ち帰っています．当時冷戦状態にあった米国とソ連は，それぞれアポロ計画とルナ計画により月探査とサンプルリターンを競い合いましたが，国の威信をかけた大型プロジェクトには巨額の費用を要し，長続きはしませんでした．

その後，サンプルリターンがしばらく途絶えてから約30年後の2004年に地球に持ち帰られたのは，NASAのジェネシス計画による太陽風荷電粒子で，太陽風が打ち込まれた基盤を地球に持ち帰り分析しています．2006年にはNASAのスターダスト計画によりヴィルト第2彗星の微粒子が，2011年にはJAXAのはやぶさ計画により小惑星イトカワの微粒子が，地球に持ち帰られました．さらに2020年と2023年には，JAXAのはやぶさ2計画とNASAのオサイリス・レックス計画により，それぞれ小惑星リュウグウとベンヌからサンプルが持ち帰られる予定です．このように今は，比較的小型の探査機で，太陽系形成時の情報をもつ小惑星や彗星といった太陽系小天体を訪れ，サンプルを持ち帰るという，持続性ある計画が進行しています．JAXAのMMXによる火星の衛星，NASAのCAESARによるチュリモフ・ゲラシメンコ彗星からのサンプルリターンが計画され，中国では月の裏からのサンプルリターン（嫦娥5号）が予定されています．まさしく，新しい「太陽系大航海時代」といえます．

1.8 「我々はどこへ行くのか」

1.4節では，太陽系天体探査の歴史をたどりました．最初は天体の近くを通過するあるいは到着することから始まり，周回観測，プローブの投入，探査機あるいは着陸機による軟着陸，さらにサンプルリターンが，対象天体の特徴と科学的目的や探査の難易度に応じて，行われてきました．図1.7に示されたように，1950年代後半から始まった探査は，1970年頃にピークを迎え，1980年以降は定常的に探査が進められています．対象天体を見ると，1990年以降は火星や小天体（小惑星・彗星）への探査が増えています．これらの天体はいずれも，水や有機物あるいは生命活動に関連した天体です（本巻第2章参照）．サンプルリターン計画も同様に，水や有機物との関連が重要視されています．また，月だけでなく水星でも水（氷）の探査が行われています．さらに，海が存在すると考えられている木星の衛星エウロパや土星の衛星エンケラドゥスへの探査も考えられています．今後このような探査が進められ，地球外の太陽系生命の存在や，地球生命の誕生の解明などへと結びつくことが期待されます

（第 4 巻第 2 章（佐々木貴教）参照）．一方で，これまで私たちが見たこともない天体やその構成物質についての知識が増え，太陽系の多様性の理解がさらに進むと考えられます．まさしく，「我々はどこから来て」「どこへ行くのか」が，文字どおり理解されるかもしれません．

引用文献

国際隕石学会データベース（Meteoritical Bulletin Database）：https://www.lpi.usra.edu/meteor/metbull.php（2019 年 9 月 24 日閲覧）

Noguchi, Takaaki *et al.*: Incipient space weathering observed on the surface of Itokawa dust particles. *Science*, **333**: 1121-1125, 2011.

Tsuchiyama, Akira: Asteroid Itokawa A source of ordinary chondrites and a laboratory for surface processes. *Elements,* **10**: 45-50, 2014.

参考文献：初心者向け

佐伯和人：世界はなぜ月をめざすのか─月面に立つための知識と戦略，講談社，2014.
　　タイトルどおりの内容がわかりやすく述べられています．同著者の月についての解説本も最近いくつか発刊されています．

矢野　創：星のかけらを採りにいく─宇宙塵と小惑星探査，岩波書店，2012.
　　はやぶさ計画に携わった著者の生の声が述べられています．

参考文献：中・上級者向け

佐々木晶ほか（著），大谷栄治ほか（編）：太陽・惑星系と地球（現代地球科学入門シリーズ1），共立出版，2019.
　　惑星科学に関する大学生・大学院生向けの最新の教科書です．

宮本英昭ほか（編）：惑星地質学，東京大学出版会，2008.
　　比較惑星学の観点から書かれた本で，美しい写真も多く載せられています．

chapter 2

生命の起源と宇宙

大野博久・齊藤博英

　地球上の生命がどのように誕生したのかは，科学の最も大きな未解決問題の一つです．本章では，地球上の生命の仕組みやその誕生のシナリオについて概観します．その上で，近年注目されている宇宙生物学や合成生物学といった，現在の地球上の生命にとどまらない，「生命」の本質的な理解に取り組む研究についても紹介します．

2.1　私たちの起源としての生命の起源

　私たちはどこから来たのか？　これは古来人類が考えてきた大きな謎の一つです．古くは，神話や伝説がその答を説明してくれました．やがて科学の発展とともに，目に見えない微小な生物も含めて，地球上に存在する全ての生物が共通の祖先から進化してきた一族であることが明らかになりました．つまり，私たちの起源とは，地球上の全生命の起源でもあるのです．では，その最初の生命はどこでどのようにして誕生し，進化してきたのでしょうか？　私たちとは起源を異にする生命や地球外生命は，存在する（した）のでしょうか？　このような謎に対して，生物学や物理化学，地球科学，宇宙科学といった様々な分野の研究者が，それぞれ独自のアプローチで挑んでいます．

2.2　生命とは何か？

● 2.2.1　「生命」という言葉の意味するもの

　そもそも，「生命」とは一体どういうものなのでしょうか？　Wikipedia のページを見てみると，（A4 サイズで 9 ページ分にもわたる）多角的な解説が展開

されています．にもかかわらず，明確な答は書かれていません．これは，「生命」が具体的な物を指す言葉ではなく抽象的な概念である上，歴史的に様々な分野で用いられてきたことで，広い意味をもってしまったことが原因です．生物学的な意味に限定しても，生きているもの（生命）と生きていないもの（物質），あるいは生きている状態と死んでいる状態を区別することは困難です．それらの間には中間的な状態がグラデーションとして存在するため，生命と非生命を区別する境界線の「正しい」位置，「生命」の定義というものは見出せません．しかし，生命の起源について考える上で，「生命とは何か？」を全く考慮しないわけにもいきません．「生命」とはどんなものなのかを考えるために，私たちが唯一知っている生命である地球の生命体に共通する特徴，生命らしさについて見てみましょう．

● 2.2.2　生命の特徴

a.　細　胞

地球上の生命は外界との境界をもっています．主に脂質からなる膜によって外界から区切られた「部屋」を細胞と呼び，この細胞が地球上の生物の基本単位となります．1個の細胞が独立した一つの生物である単細胞生物もいれば，それらが複数集まって生活している群体や，それぞれ別個の役割を担うよう特殊化（分化）した複数種類の細胞多数からなる多細胞性生物もいます．ヒトの場合は，200を超える種類の細胞が37兆個以上集まってできています．

細胞は，その構造から真核細胞と原核細胞に分けられます（図2.1）．真核細胞には核があり，遺伝情報が書かれたDNAがそこにしまわれています．ほかにも，酸素を使って効率よくエネルギーを作り出すためのミトコンドリアや，植物では光合成を行うための葉緑体といった細胞小器官が存在しています．一方，原核生物はより単純なつくりで，核や細胞小器官はありません．私たちヒトや身の回りに見られる動物，植物などの多細胞生物は真核細胞からなる真核生物です．

b.　自己複製

生命は，自分自身を複製し増殖します．そのための自分自身についての情報は全てDNA上に保存されています．DNAはデオキシリボヌクレオチドがつ

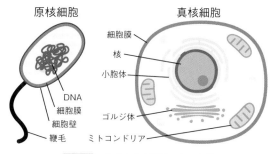

図 2.1　生命の基本単位である細胞

細胞は，そのつくりから原核細胞（左）と真核細胞（右）に分けることができます．真核細胞では遺伝情報が書かれた DNA は核の中にしまわれていますが，原核細胞は核をもたず，DNA は裸の状態で細胞内に存在しています．

ながったひも状の分子です（図 2.2）．遺伝情報は，4 種類ある核酸塩基（A，C，G，T）の並び順（塩基配列）として DNA に記録されています．この塩基配列は，タンパク質をつくるための設計図になります．ある一つのタンパク質の設計図にあたる部分の塩基配列が，一つの「遺伝子」です．つまり，DNA 中には「A」というタンパク質の遺伝子，「B」というタンパク質の遺伝子というふうに，たくさんの遺伝子が存在しており，ヒトの場合では 2 万個以上の遺伝子をもつと推定されています．「ゲノム」は，その生物がもつ全ての DNA 塩基配列情報のことを指します．「ヒトゲノム」といえば，ヒトがもつ遺伝情報全体のことであり，その長さは 30 億塩基，1 m にもなります．

　細胞が分裂して増殖する際には DNA が複製され，引き継がれます．多細胞生物でも，基本的に全ての細胞が同じ遺伝情報をもっています．

c. 代　謝

　生命は，外界から物質を取り込み，分解してエネルギーを取り出したり，自分の体をつくるための物質を合成したりします．これらの化学反応を代謝と呼びます．この働きを担っているのは，タンパク質でできた酵素です．酵素は，化学反応や物質ごとに多くの種類があります．例えば，食物中のデンプンをブドウ糖へと分解するアミラーゼ，ブドウ糖を分解してエネルギーを取り出す過程で働くヘキソキナーゼやエノラーゼ，DNA を合成する DNA ポリメラーゼといった具合です．

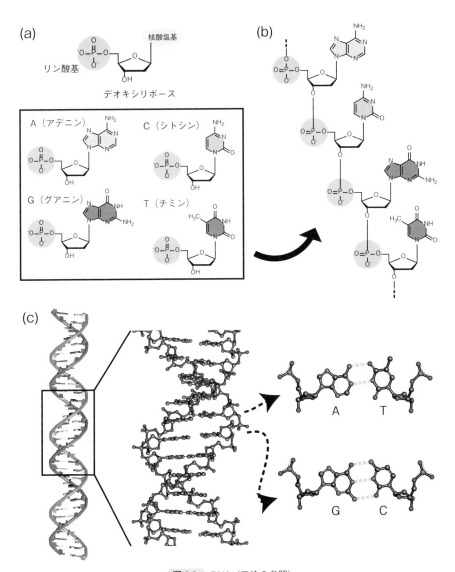

図 2.2 DNA（口絵 2 参照）

(a) DNA の基本単位であるヌクレオチドは，リン酸基，デオキシリボースおよび核酸塩基からなり（上），核酸塩基には A, C, G, T の 4 種類があります（下）．(b) ヌクレオチドが長くひも状につながり，DNA となり，遺伝情報は核酸塩基の並び順（配列）として記録されています．(c) 通常，DNA は 2 本で 1 組として二重らせん構造を形成しています（左の模式図中の赤と青）．2 本の DNA 鎖は，核酸塩基間の水素結合を介して結合しています．塩基間の結合を塩基対といい，A は T と，C は G と結合します（右図：緑破線は水素結合）．

◯ グリシン	◯ メチオニン	● アルギニン	◯ アスパラギン酸
◯ アラニン	◯ システイン	◯ リシン	◯ グルタミン酸
◯ バリン	◯ セリン	● フェニルアラニン	◯ アスパラギン
◯ ロイシン	◯ スレオニン	◯ チロシン	● グルタミン
● イソロイシン	◯ ヒスチジン	● トリプトファン	◯ プロリン

20種類のアミノ酸が特定の順番でつなげられる

アミノ酸配列に応じて固有の折りたたみ構造を形成

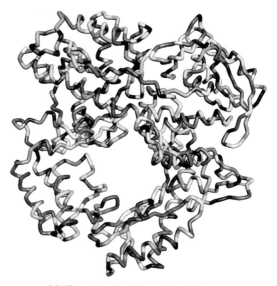

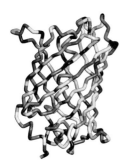

抗体に結合する細菌由来のタンパク質（蛋白質構造データバンク ID: 1IGD, 61アミノ酸）

オワンクラゲから見つかった緑色の蛍光を発するタンパク質（蛋白質構造データバンク ID: 1GFL, 約230アミノ酸）

古細菌の DNA 合成酵素（蛋白質構造データバンク ID: 4K8Z, 約760アミノ酸）

図 2.3　アミノ酸とタンパク質（口絵 4 参照）

タンパク質は，20種類のアミノ酸が特定の順番でつなげられたひも状の分子です．そのアミノ酸配列によって，自動的に固有の立体構造へと折りたたまれ，それぞれのタンパク質としての機能を発揮します．

タンパク質は，平均で300個ほど，長いものでは3万個以上のアミノ酸がつながったひも状の分子です（図2.3）．タンパク質ごとに，20種類あるアミノ酸の並び順（アミノ酸配列）が異なり，それぞれのタンパク質はその配列に応じた固有の形へと自動的に折りたたまれ，それぞれ異なる働きをもつタンパク質ができあがります．

　遺伝情報をもとにタンパク質をつくることは，「遺伝子発現」と呼ばれます（図2.4）．タンパク質をつくるための情報は，4種類ある核酸塩基の配列としてDNAに保存されています．タンパク質をつくるときにはまず，そのタンパ

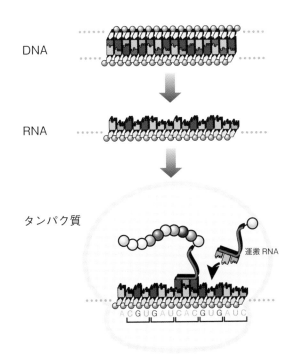

図2.4 遺伝子発現の仕組み

DNA上の遺伝子部分の塩基配列をコピーしたRNAがつくられます．この過程は「転写」，つくられるRNAは「メッセンジャーRNA」と呼ばれます．メッセンジャーRNAは，RNAとタンパク質からなる巨大分子「リボソーム」に取り込まれます．メッセンジャーRNAの塩基配列に対応したアミノ酸が，運搬RNAによってリボソーム上へと順に運ばれていき，そのアミノ酸をリボソームがつないでいくことで，目的のタンパク質が完成します．メッセンジャーRNAの塩基配列をもとにタンパク質がつくられるこの過程は「翻訳」と呼ばれます．

ク質の遺伝子の塩基配列を，DNAによく似たRNAと呼ばれる分子に写し取ります．RNAもDNAと同様に4種類の核酸塩基をもっています．このRNAの塩基配列をもとに，3塩基分を1つのアミノ酸として，その配列に対応する種類のアミノ酸を順につないでいきます．アミノ酸の種類を指定する3塩基の配列は「遺伝暗号」と呼ばれ（図2.5），その対応関係は全ての生物で共通です．このことは，地球上の生物の全てが，同じ祖先から分かれた同じ一族であることの何よりの証拠です．

d. 進 化

生命は進化します．地球の度重なる環境の変化にもかかわらず，現在様々な環境に適応した多様な種が存在しているのは，生命が進化してきたためです．ただ，ここで注意してほしいのが，生物学における「進化」という言葉には「進歩」のような意味は含まれない，ということです．世代を経ることによる生物の変化が進化なのであって，そこに「望ましい方向」や「優劣」のような価値判断はありません．環境（の変化）に適応するように方向性をもって生物

1文字目の塩基		2文字目の塩基				3文字目の塩基
		T	C	A	G	
T	TTT TTC	フェニルアラニン	TCT TCC セリン	TAT TAC チロシン	TGT TGC システイン	T C
	TTA TTG	ロイシン	TCA TCG	TAA TAG 終止	TGA 終止 TGG トリプトファン	A G
C	CTT CTC CTA CTG	ロイシン	CCT CCC CCA CCG プロリン	CAT CAC ヒスチジン	CGT CGC アルギニン	T C
				CAA CAG グルタミン	CGA CGG	A G
A	ATT ATC ATA	イソロイシン	ACT ACC ACA スレオニン	AAT AAC アスパラギン	AGT AGC セリン	T C
	ATG メチオニン		ACG	AAA AAG リシン	AGA AGG アルギニン	A G
G	GTT GTC GTA GTG	バリン	GCT GCC GCA GCG アラニン	GAT GAC アスパラギン酸	GGT GGC グリシン	T C
				GAA GAG グルタミン酸	GGA GGG	A G

図2.5 遺伝子の塩基配列と，それが指定するアミノ酸の対応をまとめた遺伝暗号表
4種類の塩基×3塩基の組み合わせは全部で64通り．一方で，アミノ酸の種類は20種類＋アミノ酸の連結の終了を意味する「終止」の21種類なので，同じアミノ酸を複数の配列が指定することになります．

が変化しているように見えたとしても，様々に変化した生物の中で最もよく適応した生物が生き残っているだけなのです．

遺伝子の本体がDNAであることや，DNAの立体構造や複製の仕組みが解明され，進化の仕組みが分子レベルで明らかになりました．DNAは複製する際に一定の割合でコピーミス（変異）が生じます．もし，生存や繁殖に有利な変異をもつ個体がいれば，その個体の子孫が生き残り，その変異をもつ個体が集団内で増えます．同じ先祖に由来する集団でも，場所が隔離されているなどの理由で交雑の機会がなくなると，それぞれの集団内で異なる変異が蓄積していき，やがて別々の種へと分かれます．

DNAには，そのような進化の痕跡が残っています．同じ祖先から生まれた子孫は，同じ遺伝情報をもっています．しかし，世代を経るにつれその配列には変異が蓄積していきます．異なる生物種間で共通する遺伝子の塩基配列を比較すると，別れてからより長い時間が経っている種との方が，別れてからあまり時間の経っていない種と比べて，塩基配列の違いが大きいはずです．このような，塩基配列の違いに基づいて様々な生物種間の類縁関係や進化の道筋を調べる学問は，分子系統学や分子進化学と呼ばれます．あらゆる生物種についてその関係を調べたところ，全ての生物の祖先は，高温環境を好む好熱菌に似た生物であっただろうと予想されました．そのような好熱菌が生息するのは，海底にある，摂氏400度にもなる高温の熱水が噴き出す場所（海底熱水噴出孔）です（図2.6）．海底の地殻に染み込んだ海水が地熱により熱せられて湧き出すのですが，この熱水には，硫化水素や水素，二酸化炭素，一酸化炭素などが含まれる場合もあり，それらの化学物質からエネルギーを得る微生物が独自の生態系をつくっています．分子進化学的な証拠だけでなく，エネルギーや代謝に必要な物質の供給源といった観点からも，多くの研究者が生命誕生の場所として海底熱水環境に注目しています（高井，2011）．

e. 生命の定義

ここまで見てきた4つの特徴をもつ「何か」を見つけたら，ほとんどの人が「それは生きている」と認めるのではないでしょうか．これらの特徴をまとめたのが，NASAが使用している生命の定義，「進化することが可能な自己保存的な化学システム」です．この定義がうまく使えない場合もあるのですが，こ

図 2.6 海底熱水噴出孔

海底に染み込んだ海水は，地熱で熱せられて密度が小さくなり，岩石の隙間を上昇していきます．その過程で岩石中の様々な成分を溶かし込みながら，最終的に冷たい海水中へと噴き出します．このような熱水噴出孔の周りには，熱水から供給される物質をもとに生活する生物が存在しています．右は大西洋の中央海嶺で撮影された熱水噴出孔（Wikipedia）．金属の硫化物が多く，黒く見えるため，ブラックスモーカーと呼ばれます．

こでは便宜的に生命はそのようなものだとして，それがどのようにして誕生したのか考えてみましょう（ちなみに本章で考える「生命」とは，コンピューター上で自己増殖するプログラムのような存在ではなく，私たちと同様に物質的な実体をもつ化学システムのことです．したがって本章では，「生命」と「生物」は同様のものとして使用しています）．

2.3 生命の起源研究

● 2.3.1 地質学的な証拠

　地球ができたのは約 46 億年前です．その頃，地表はどろどろに融けたマグマの海でした．地表が冷えて海ができたのは，44 億年前〜42 億年前頃です．しかし，40 億年前〜38 億年前にかけては，隕石が大量に降り注ぎ，海は蒸発して地殻は再び融けていたと考えられます．隕石の衝突がおさまり地殻と海が形成されたのは 38 億年前です．最古の生物の化石は，オーストラリアのピルバラ地方の 35 億年前の岩から見つかっています．生命は，海ができてからわ

ずかな期間（1億〜数億年）で誕生したと考えられます．

2.3.2　化学進化説

では，生命はどのようにして誕生したのでしょうか？　1924年，アレクサンドル・オパーリン（Aleksandr I. Oparin）により，生命の起源の基本となる考え方が提案されました．原始地球上に存在した無機分子が反応して単純な有機分子ができ，それらが溶け込んだ海の中でさらに反応してより複雑で大きな有機分子（高分子）が生まれ，集まって細胞のようなまとまりをつくり，長い時間をかけてさらに複雑化し，ついに生命になったとするのです．この，簡単な分子から複雑な分子が生じる過程は，生物の進化になぞらえて「化学進化」と呼ばれます．

この化学進化を，実験的に証明したのがスタンリー・ミラー（Stanley L. Miller）です．彼は，当時考えられていた原始地球の大気（メタン，水素，アンモニアの混合気体）をガラス装置に封入し，そこに雷を模した火花放電を行

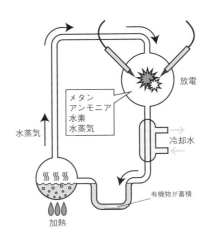

図 2.7　ミラーの実験

装置の中にはメタンやアンモニア，水素が封入されています．下部のフラスコには水が入れられ，加熱され水蒸気が発生しています．混合気体は，上部のフラスコ中で雷を模した放電を受けます．なんらかの生成物があれば，冷却され水とともに下部のフラスコへと入ります．反応を数日続けた後には，装置下部の水中から，数種のアミノ酸を含む有機物が検出できました．

いました（図2.7）．数日後，装置の中からは，アミノ酸をはじめ，様々な有機分子が検出されました．単純な分子から複雑な有機分子への化学進化が実際に起こったのです．この結果を受けて，様々な研究者が化学進化実験を行いました．紫外線や放射線をエネルギー源として使ったり，気体の組み合わせを変えたりして実験が行われ，各種のアミノ酸や，DNAの材料となる分子など多様な有機物が無生物的に生じることがわかりました．

● 2.3.3 RNAワールド仮説

では，そのような有機分子から生命へと至るには，どのような分子がつくられる必要があるでしょうか？ 現在の地球生命にとって欠かせない高分子が，遺伝情報を記録しているDNAと，酵素として働くタンパク質です．両者の関係を見てみると，DNAはタンパク質でできた酵素によってつくられますが，そのタンパク質酵素をつくるための情報はDNAがもっています．一体どちらが先に誕生したのでしょう？ お互いに相手を必要とするこの関係は，ニワトリとタマゴにたとえられ，研究者を悩ませてきました．この難問を解く手がかりがRNAです．

RNAはDNAとよく似た分子で（図2.8），遺伝情報を記録することが可能です．地球上の生物は，DNAに書かれた情報を一旦RNAにコピーして，そのRNAの情報に基づいてタンパク質をつくっています．そのRNAが，タンパク質と同じように化学反応を触媒する酵素としても働くことがわかりました．1981年，トーマス・チェック（Thomas R. Cech）は，タンパク質酵素によって起こると考えられていた，RNA分子を切断してつなぎ直すという化学反応が，タンパク質なしで起こることを発見しました．RNAが酵素として働いていたのです．RNA（リボ核酸）でできた酵素（エンザイム）ということで，「リボザイム」と呼ばれることになります．同じ頃，シドニー・アルトマン（Sidney Altman）も，RNAを切断する別種のリボザイムを発見しました．それまでは，化学反応の触媒として働けるのは，タンパク質でできた酵素だけだと考えられていました．リボザイムを発見した2人は，1989年，ノーベル化学賞を受賞しました．

RNAなら遺伝情報と酵素の両方の役割を果たせるため，生命が誕生したと

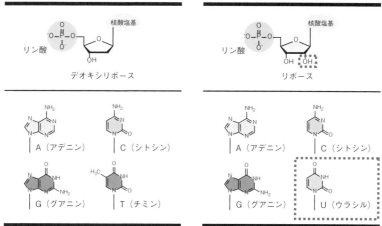

図 2.8 DNA と RNA の化学構造
RNA は DNA とよく似た分子ですが，ヌクレオチドを構成する糖がデオキシリボースではなくリボースであることと，T の代わりに U の核酸塩基を使用する点が異なります．U は，T と同様に A と塩基対を形成できます．RNA も DNA と同様に，ヌクレオチドが長くひも状につながってできますが，細胞内では多くの場合，1 本の状態で存在しています．

きには RNA が中心的な役割を果たしていたという説が出てきました．そのシナリオは以下のようなものです．地球上での化学進化の結果，RNA が生まれます．その中にたまたま，RNA を複製するリボザイムとして働く RNA が出現しました．そのリボザイムによって多くの RNA がつくられますが，複製の際にときどきエラーが起こり，変異体が出現します．変異体の中に，もとの分子よりも反応効率に優れたリボザイムがいた場合，ほかのリボザイムを淘汰しながら増殖していきます．これが RNA に基づく生命の前段階の世界，「RNA ワールド」です．やがて，酵素としての役割はタンパク質に，遺伝情報を記録するという役割は DNA に引き継がれ，現在の生命に至ったと考えられます．

この仮説を支持する事実はたくさんあります．例えば，遺伝情報を記録するために，DNA ではなく RNA を使っている存在があります．インフルエンザウイルスやエイズウイルスといった RNA ウイルスです．また，私たち生物が生体内で DNA をつくる際には，まず RNA のもととなるヌクレオチドをつくり，それをもとに DNA 用のデオキシヌクレオチドを合成してから DNA をつ

くっています．これは，もともと DNA ではなく RNA を使用していたことの
名残だと考えられています．DNA は RNA に比べると，化学進化によって無
生物的につくられにくいこともわかっています．

　リボザイムは実際に様々な化学反応を触媒できます．RNA の断片同士の連
結や，ヌクレオチドを一つずつ連結して RNA を合成する反応など，RNA 合成
に関わるものに加え，タンパク質合成に欠かせないアミノ酸を RNA に結合さ
せる反応なども行うことができます．アミノ酸を連結させてタンパク質をつく
る重要な酵素であるリボソームも，タンパク質の助けを借りてはいますが，
RNA でできたリボザイムです．

　また，タンパク質酵素には，化学反応を触媒する上で，補酵素と呼ばれる成
分を必要とするものが多く見られます．補酵素には，ATP や NAD，NADP，
FAD，SAM，CoA といろいろな種類がありますが，それらはどれも，RNA
の材料であるヌクレオチドやヌクレオチドによく似た分子です（図 2.9）．これ
も，RNA が担っていた酵素としての役割がタンパク質に置き換わった名残だ
と考えられています．

● 2.3.4　RNA ワールド仮説の問題点

　ですが，RNA ワールド仮説にも多くの問題が存在します．最大の問題は，
化学進化における RNA のつくられにくさです．RNA は，核酸塩基（A，C，
G，U）と糖（リボース），リン酸からなるヌクレオチドが，長くつながったひ
も状の分子です（図 2.10）．このうち核酸塩基は，化学進化実験によって比較
的容易にできることがわかっています．しかし，リボースとリン酸は原始地球
上ではなかなか手に入りません．その上，それらが結合してヌクレオチドにな
る反応は，水中では非常に起こりにくいのです．

　さらに，ヌクレオチドが豊富にできる条件がそろったとしても，ヌクレオチ
ドがつながって長い RNA になることも簡単ではありません．水中の金属イオ
ンや粘土鉱物の助けを借りることでヌクレオチドがつながることも知られてい
ますが，それでできる RNA の長さは短く，リボザイムのように酵素として働
くには不十分です．

　また，RNA の酵素としての能力はタンパク質に比べると劣ります．ヌクレ

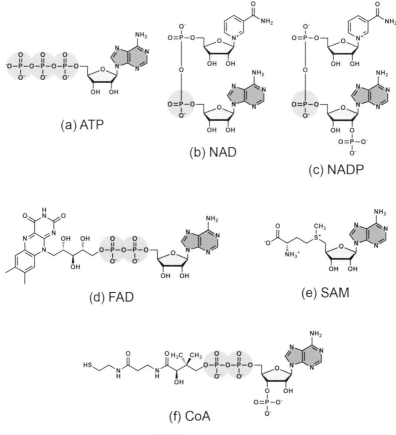

図 2.9 様々な補酵素

(a) ATP（アデノシン三リン酸）は，RNA の材料であるヌクレオチドそのものです．リン酸がとれることによって発生するエネルギーが，酵素反応や筋肉の収縮などに利用されます．(b) NAD（ニコチンアミドアデニンジヌクレオチド），(c) NADP（ニコチンアミドアデニンジヌクレオチドリン酸）および (d) FAD（フラビンアデニンジヌクレオチド）は酸化還元反応に，(e) SAM（S-アデノシルメチオニン）はメチル化反応の際に使われます．(f) CoA（補酵素 A）は，SH 部分に様々な分子を結合させ，生体内の多くの代謝反応の中間体として働きます．

オチドを連結して自己を複製できる RNA 合成リボザイムをつくる研究が続けられていますが，リボザイム自身の長さよりも短い RNA しか合成できず，自己複製可能なリボザイムはいまだに存在していません．これまでに知られてい

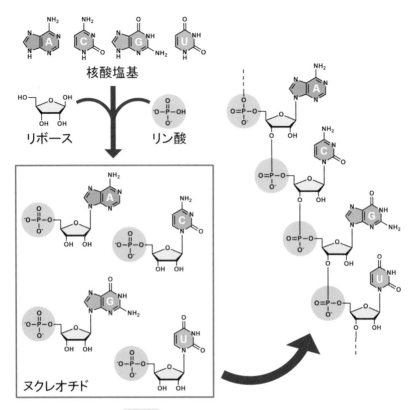

図 2.10 RNA を構成するヌクレオチド
核酸塩基，糖（リボース），リン酸基の 3 つの部品（左上）が結合してヌクレオチドができます（左下）．ヌクレオチドがつながることで RNA となります（右）．

るリボザイムが行える化学反応の種類は，タンパク質よりもはるかに少なく，例えば，RNA ワールドでも必要だったと考えられる膜の材料を合成できるリボザイムも存在していません．これらのことを考えると，酵素としての役割の全てを RNA が担っていた，純粋な RNA ワールドはなかったのかもしれません．

● **2.3.5　タンパク質ワールド仮説**
　RNA ワールドの成立には様々な困難があることから，RNA ワールドよりも先に，タンパク質による「タンパク質ワールド」が生まれていたとする考え方

があります．化学進化ではアミノ酸は簡単に生じますし，それがつながってタンパク質になるのも比較的容易です．また，タンパク質は様々な化学反応を触媒できます．

タンパク質ワールドを支持する日本発の仮説として，池原健二による「GADV仮説」（池原，2006）があります．生命はまず4種類のアミノ酸「G（グリシン）」「A（アラニン）」「D（アスパラギン酸）」「V（バリン）」からなるタンパク質ワールドとして始まったとするものです．これらは，化学進化実験でも容易に生成されます．また，この4種類のアミノ酸からなるタンパク質は，細胞のような構造を形成できるほか，アミノ酸を連結する酵素としても働くと考えられます．したがって，このGADVタンパク質によるタンパク質合成によって，GADVタンパク質ワールド生命は自己増殖を行っていたと予想されます．やがて，この複製・増殖系がRNAと結びつくことで，G，A，D，Vに対応する4種類の遺伝暗号を使用する生命が誕生します．その後，使用できるアミノ酸が増えるにつれて遺伝暗号が進化し，最終的に20種類のアミノ酸を使用する現在の遺伝暗号が成立したと考えます．

とはいえ，現在の生命の遺伝子発現の仕組みを考えると，RNAとタンパク質はそれぞれ独立したワールドとして存在していたというよりも，生命誕生のごく早い段階で協力しあっていたように思われます．その協力の具体的な中身を明らかにすることで，遺伝子発現の仕組みの成り立ち，なぜ現在の20種類のアミノ酸が選ばれたのか？ アミノ酸と遺伝暗号の対応関係はどのように決まったのか？ という，地球生命の根幹をなす疑問の答に近づけると考えられます．

2.4 生命の起源と宇宙の関わり

● 2.4.1 パンスペルミア説とアストロバイオロジー

ここまで見てきたように，生命の起源は，いまだにわからないことが多い困難な問題です．そこで，「地球の生命は，地球上で誕生したのではなく，宇宙からやってきた」という「パンスペルミア説」が古くから提唱されてきました．しかし，「その生命は宇宙のどこでどのように誕生したのか？ 原始地球よ

りも生命が誕生しやすい場所とはどんなところなのか？」といった問題は解決されませんし，「生命は，真空に近く低温で高エネルギーの宇宙線が飛び交っている宇宙空間の長い旅に耐えられるのか？」といった疑問も抱えています．

　しかし近年では，「地球生命の材料となった有機物が宇宙からやってきた」という「新たなパンスペルミア説」が注目を集めています．また，地球外生命の探索も進められており，宇宙レベルのより広い視点で地球の生命やその起源を調べようというアストロバイオロジー（宇宙生物学）の機運が高まりつつあります（第4巻第2章（佐々木貴教）参照）．地球外生命が見つかれば，様々な生命に共通する普遍的な性質や地球生命の特殊性を知ることができるはずです．そうすれば，本当の意味での「生命」の理解に近づけるだけでなく，（起源を含めた）地球生命についての理解も深まるものと考えられます．

● 2.4.2　隕石が生命の材料をもたらした？

　ミラーの実験は，適当な気体を混合し十分なエネルギーさえ与えれば，アミノ酸のような有機物が容易に生じることを示した，画期的な実験でした．しかし，当時考えられていた原始地球の大気組成は間違ったものであり，現在の知識に基づいて訂正された大気組成のもとでは，アミノ酸のような有機物の生成は困難であることがわかってきました．そこで近年，地球生命の材料となった有機物の由来として宇宙に目が向けられています（小林，2008）．

　1969年，オーストラリアのマーチソン村に隕石が落ちました（図2.11）．回収され，含まれる成分を分析した結果，様々な種類のアミノ酸が検出されまし

図2.11　マーチソン隕石の一部（NASA）

た．地上における汚染（回収したヒトなどの地球の生物に由来する成分の混入）も疑われましたが，地球生命が使っていない種類のアミノ酸も検出されたため，地球に落ちた後に混入したわけではないと結論付けられました．その後，ほかの隕石でも，アミノ酸や有機物が含まれていることが報告されました．DNAやRNAの材料である核酸塩基や糖も発見されています．このことから，地球生命のもととなったアミノ酸などの有機物は，宇宙から隕石とともにやってきたのだという説が出てきました．

では，隕石中の有機物はどこでどのようにしてできたのでしょうか？ 宇宙空間は，完全な真空ではなく，水素やヘリウム，水や一酸化炭素などの分子が希薄ながらも存在しています．また，大きさが10 μm以下の宇宙塵と呼ばれる微粒子も存在しています．宇宙にはこれらの物質がほかよりも濃く集まっている領域があり，背後の星の光を遮るため暗黒星雲と呼ばれています．暗黒星雲の中心部には星の光が入らないため，温度は摂氏－260度とごく低温です．そのため，多くの分子は宇宙塵の周りに凍りついています．ここに高エネルギーの宇宙線があたることで化学進化が起こり，有機物が生じると考えられています（図2.12）．暗黒星雲は，さらに物質が集まり密度が高くなると，やがて中心部で恒星が生まれ，太陽系を形成します．その際に，宇宙塵が衝突し合体しながらどんどん大きくなっていき，最終的に惑星や小惑星になるわけですが，

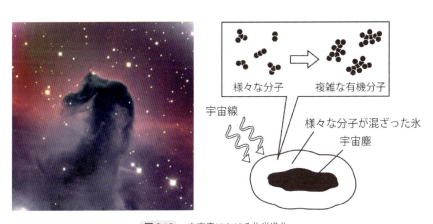

図2.12 宇宙塵における化学進化
（左）巨大な暗黒星雲の一部である馬頭星雲（NASA）．（右）宇宙における化学進化の模式図．

2.4 生命の起源と宇宙の関わり | 43

このとき惑星にならずに残った欠片が地球に落ちてきたものが隕石なのです.

　隕石によって持ち込まれるだけでなく，隕石の地球への衝突によってアミノ酸などの有機分子がつくられたという説もあります.中沢弘基らによれば，隕石が海に衝突すると，その衝撃で大量の水が高温の気体となるとともに隕石や海底の鉱物も蒸発します（中沢，2014）.その際に，ミラーの実験と同様の化学進化が起こるというのです.中沢らは，隕石の衝突を模した装置を作製しました.原始地球のモデルとなる海水と岩石にステンレススチールの塊を高速で衝突させたところ，アミノ酸や脂肪酸など，生命の材料となる有機分子が生成することが実際に確認できました.

　化学進化が，特殊な大気組成をもつ惑星のみで起こる特殊な現象なのではなく，宇宙全体で起こりうる普遍的な現象なのだとすると，生命の誕生も宇宙のあちこちで頻繁に起こっている普遍的な現象なのかもしれません.

● 2.4.3　太陽系内での生命探査

a. 火　星

　生命そのものを地球外に探す試みも実際に行われてきました.その主な舞台は太陽系内の惑星や衛星です（太陽系の構造については本巻第1章に詳しく書かれています）.中でも地球外生命について，最も話題と論争を提供してきたのは火星です（図2.13）.

　19世紀，望遠鏡で火星を観測したジョヴァンニ・スキャパレリ（Giovanni V. Schiaparelli）は，火星の表面にいくつもの筋を見つけます.やがてそこから，「火星には巨大な運河があり，その運河を建設した火星人がいる」という考えが広まりました.しかし，性能が大きく向上した望遠鏡による地球からの観測や宇宙船による観測が進むにつれて，赤い土に覆われ乾燥した火星の地表には，火星人はおろか藻やカビさえ存在しないだろうことがわかってきました.

　1975年，火星の土壌中に生命が存在しているかどうかを調べるためのバイキング探査機が打ち上げられました.翌年，火星に着陸した探査機は，生命を探す3つの実験を行いました（図2.14）.生命の栄養源となりそうな有機物を土に加え，生命の代謝によって生じる気体組成の変化を検出する実験と，放射

44　│　2　生命の起源と宇宙

性同位体（^{14}C）で標識した二酸化炭素を土に与え光合成が行われるかどうかをみる実験からは，生命の存在を示す結果は得られませんでした．しかし，放射性同位体で標識した有機物を土に加える実験を行ったところ，その有機物が分解されることによって放出された気体が検出されました．この結果は，火星の生命が有機物を食べたことによる，つまり火星の生命を検出できたとする主張もありましたが，現在では，火星の土による化学反応で有機物の分解が起きた結果だとする意見が主流です．結局，バイキングによる生命探査では，生命が存在するという証拠は得られませんでした．

それから20年後の1996年，火星に由来する隕石の中に生物の痕跡が見つかったことがNASAにより発表され，再び火星の生命が注目されます．南極で見つかった火星由来の隕石の中に，微小なミミズのような形状のものが見つかったのです（図2.15）．この隕石からは，地球の微生物が作り出すものに似た，炭酸カルシウムの小球や有機化合物，磁鉄鉱も見つかりました．しかし，それぞれは生物の関与なしにもつくられうることに加え，ミミズ状のもののサイズが地球の細菌に比べると小さすぎるとして，生命の化石ではないという反論もなされています．生命の化石なのか違うのか，決着はいまだについていません．

現在までのところ，火星に生命が存在するという確実な証拠はありません．火星の表面は乾燥していて大気は薄く，宇宙からの放射線や紫外線を遮蔽するものがない，生命には過酷な環境です．しかし近年，火星の表面近くの地下に水（氷）が存在することや，メタンやアンモニアが検出されたことなど，生命の存在を示唆する発見があいついでいます．もしも火星の地中を調べ直すならば，そこには生命が見つかるかもしれません．

現在生きている生命ではなく，過去に生きていた生命の化石を探すのも面白そうです．40億年前の火星には，大量の液体の水や濃い大気が存在していたと考えられています．地球では，地殻が形成され，海ができてから数億年という短い時間で生命が誕生したことから考えると，火星でも生命が誕生し進化していた可能性は大いにあります．保存という観点からは幸いなことに，火星では火山活動や地殻変動，侵食作用が停止しているため，太古の化石も状態よく保存されていると考えられます．

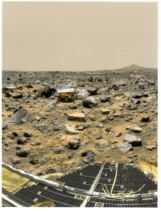

図 2.13　火星（左）と火星の地表（右）(NASA)
マーズ・パスファインダー着陸機から撮影された火星の地表．中央に写っているのは探査車．

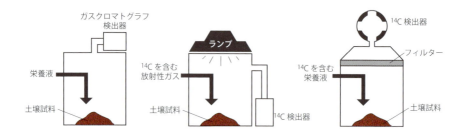

図 2.14　バイキング計画における生命探査実験
左は，火星の土壌に栄養液を与え，生物の代謝により有機物の分解が起これば気体組成が変化することを期待し，それをガスクロマトグラフで検出する実験．中央は，土壌に放射性同位元素 ^{14}C でラベルした二酸化炭素と水，光を与え，光合成により有機物に変換されるかどうかを調べる実験．右は，土壌に ^{14}C でラベルした有機物を含む栄養液を与え，代謝によって分解・生成された二酸化炭素を検出する実験．

b．エウロパ

　エウロパは，地球の月よりも少し小さい（直径約 3200 km），木星の第 2 衛星です．氷に覆われたその姿は，1979 年，木星に接近したボイジャー探査機によって捉えられました．同じ木星の氷衛星であるカリストがクレーターだらけなのに対して，エウロパにはクレーターがほとんどなく，なめらかな表面を

図2.15　1984年に南極で発見された火星由来の隕石ALH84001（左）と，その中に見つかった微生物のような形状（右）
約36億年前に火星で形成され，1300万年前から1600万年前に小惑星の衝突によって火星を飛び出し，約1万3000年前に地球に到達したと考えられています（NASA）.

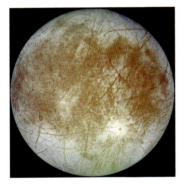
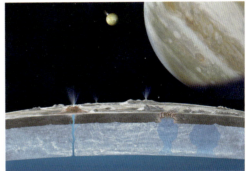

図2.16　木星の衛星エウロパ（NASA）
表面を覆う氷には，割れ目や尾根状の線条が多数見えます.

図2.17　エウロパの海の想像図（NASA）
右上にあるのは木星，上部中央にある火山の噴火が見られる天体は木星の衛星イオ.

していました（図2.16）．これは，氷の下に液体の水（海）が存在しており，それによって氷が更新されていることを示唆しています（図2.17）．液体の水は，生命の存在を示す有力な手がかりです．これ以降エウロパは，生命が存在する可能性がある天体として注目を集めることになりました．

　エウロパと太陽は，地球と太陽間の距離の約5倍離れており，太陽から受けるエネルギーは地球の約1/27しかないため，その表面温度は摂氏－143度です．では，氷を溶かす熱は一体どこから得ているのでしょう？　そのエネルギーとなっているのは，潮汐力です．月の引力によって地球の潮位が変わるよう

2.4　生命の起源と宇宙の関わり　｜　47

に，巨大な木星の重力は，エウロパに作用して変形を引き起こします．エウロパの楕円公転軌道や，自転周期と公転周期のズレによって，潮汐力の変動が起こり，エウロパの固体部分は伸び縮みさせられることになります．その結果，内部では熱が発生し，表面の氷には亀裂が生じます．この内部に発生した熱により，液体の水が維持されているのです．

　この熱はさらに，地球の海底熱水噴出孔に似た環境を作り出しているかもしれません．地球の海底熱水噴出孔から噴出する熱水には，化学進化の材料にうってつけのメタンやアンモニア，硫化水素が多く含まれるほか，化学反応を促進する様々な金属イオンも高濃度で溶け込んでいます．そのため，地球生命の誕生の場として，海底熱水噴出孔が有力な候補だと考えられています．エウロパにも海底熱水噴出孔が存在するならば，生命が存在する可能性も大いに期待できます．

　しかし，エウロパ表面の氷は厚さ 5〜10 km ほどと推定されています．そのような氷を掘り抜いてエウロパの海を調査することは可能なのでしょうか？南極では，氷の下にある湖（ボストーク湖）を調査するため，3 km の厚さの氷が掘られました．エウロパでも，氷が薄い所を選べば，なんとかなるかもしれません．その下の海にもし到達できたなら，次に問題になるのは海の深さです．エウロパの氷の下にある海は，50〜100 km の深さだと考えられています．地球の海で最も深い場所はマリアナ海溝にありますが，それでもせいぜい 11 km です．その 5 倍以上の深さとなると，一体どれほどの水圧がかかるのでしょう？ ところが，エウロパは地球よりも小さいため重力も小さく，エウロパの水深 50 km での水圧は，地球での水深 6500 m での水圧と同じくらいになります．そこで，広島大学の長沼毅は，日本の深海探査艇「しんかい 6500」をエウロパに持って行こうと提案しています（立花ほか，2012）．うまい具合に，「しんかい 6500」は，（もう引退してしまいましたが）スペースシャトルの貨物スペースにすっぽり収まるのだそうです．なんともワクワクする話ではないでしょうか．

c. タイタン

　タイタンは，水星よりも大きい（直径約 5000 km），土星最大の衛星です（図 2.18）．窒素を主成分に，数%のメタンとわずかな水素からなる濃い大気

をもっており，厚いスモッグが地表を隠しています．大気中には，エタンやアセチレン，プロパンなどの炭化水素や，シアノアセチレン，シアン化水素といったシアン化合物も含まれますが，それらは，大気主成分のメタンと窒素から，太陽の紫外線や土星磁気圏の電子，宇宙線によって生じたと考えられます．まさに，ミラーの実験と同様の化学進化が起こっているのです．

　生命に欠かせない有機物が豊富にあるとはいえ，氷に覆われたタイタンの地表の気温は摂氏 −180 度であり，液体の水は存在できません．代わりに，液体メタンの雨が降り，液体メタンの川や海があります．したがって，タイタン表面に生命が存在するとしたら，「液体メタン中で生きる生命」になるでしょう．液体メタンのような有機物の中でも化学反応は起こります．高エネルギーの宇宙線なら，タイタンの厚い大気を貫いて地表まで到達し，エネルギーを供給してくれるかもしれません．とはいっても，そこで生きる生命は，地球生命しか知らない私たちには想像することも困難な，「異質」な生命であるに違いありません（ウォード，2008）．

　タイタンには，地表以上に生命の存在が有望視されている場所があります．それは，氷の大地の下です．タイタンを覆う氷の下にも，エウロパと同様に液体の水が存在すると考えられているのです．地表の氷は厚さ 15〜30 km ほど，その下にある海は深さ 50〜200 km ほどと見積もられています．氷を溶かして液体の水を維持する熱は，土星の重力による潮汐力です．しかし，氷の下の海は，15〜30% という高濃度のアンモニアを含む，pH10 を超える高いアルカリ性だと考えられています．地球生命の中には pH12 でも生育可能な好アルカリ菌が存在するので，生命の存在自体は可能かもしれませんが，そんな環境にいるとしたら，やはり地球生命とは相当に「異質」なものでしょう．

d. エンケラドゥス

　近年，地球外で生命が存在する可能性が最も高い場所として注目されているのが，土星の衛星の中で 6 番目に大きな（直径約 500 km，タイタンの約 1/10 の大きさ）エンケラドゥスです（図 2.19）．その表面は，エウロパやタイタンと同様に，氷に覆われています．

　2005 年，土星探査機カッシーニによって，エンケラドゥスの南極付近の氷の割れ目から，水が噴出している様子が観測されました．これは，氷の下に液

2.4　生命の起源と宇宙の関わり　│　49

図2.18 土星の衛星タイタン(左)と,ホイヘンスによって撮られたタイタンの地表(右)(NASA)

図2.19 土星の衛星エンケラドゥス(左),南極付近では水蒸気や氷の粒の噴出が観察されました(右)(NASA)

体の水が存在することを示しています.噴出物からは,水に加えて水素,二酸化炭素,メタン,アンモニアやメタノールが検出されたほか,ナノシリカも見つかりました.これは,岩石と摂氏90度以上の熱水が反応することでできるものです.水素も,岩石と熱水が反応することで生じたと考えられます.これらのことから,エンケラドゥスの海底には熱水環境が存在していると予想されています.液体の水と有機物,熱エネルギーがそろっているエンケラドゥスの氷の下の海には,地球の海底熱水噴出孔に見られるような生態系が存在しているのかもしれません.

● 2.4.4　太陽系外での生命探査

　上で見てきたように，太陽系内には生命の存在が期待される天体が複数あります．ですが，今後の探査でそこに生命が見つかるとしても，それは細菌のような比較的単純な生物ではないでしょうか．人類と意思の疎通が可能な知的生命体が現在の太陽系内に存在する可能性は低そうです．

　現在の地球人類と同程度以上の科学技術をもつ生命体がもしも存在していれば，通信手段として電波を利用していると考えられます．そこで，宇宙から降り注ぐ電波の中に，地球外の知的生命からの信号を探す，SETI（Search for Extra-Terrestrial Intelligence，地球外知的生命体探査）と呼ばれるプロジェクトが世界中で実施されています．電波だけでなく，可視光や赤外光も調べているグループもあります．しかし残念なことに（それとも幸運なことに？），これまでのところ地球外知的生命の存在を示す電波や現象は見つかっていません（余談ですが，SETIを題材にしたSF映画「コンタクト」（1997年）は，私（齊藤）おすすめの映画です．機会があればぜひご覧ください）．

　知的生命に限らず地球外生命が存在できる環境を求めて，太陽系外の惑星探査も盛んに行われています．2019年9月時点で4000個を超える系外惑星が知られており，今後も続々と見つかるでしょう．それらの系外惑星を直接調べに行くことはできませんが，もしも生命が存在していたら，大気中の酸素やメタンなどの生命活動に関連する分子や，植物の光合成量の季節変動に由来する二酸化炭素濃度の周期的な変化のような，生命が存在する「印」が見つかるかもしれません．今後の研究に期待したいと思います．

2.5　合成生物学——生命をつくる

● 2.5.1　合成生物学

　これまでの生物学，特にDNAの二重らせん構造が明らかになって以降の分子生物学は，組織や細胞，その中の遺伝子や分子というように，生物を構成する要素ごとに「分解」して，それら個々の要素の性質や機能を調べることで発展してきました．しかし近年では，生命を数多くの要素からなるシステムとして全体論的・総体的に捉えるという考え方が出てきました．そこでは，複数の

要素を組み合わせてシステムを「つくる」ことを通じて，生命現象や生命そのものの理解を試みています．そのような方法論は，「合成生物学（シンセティック・バイオロジー）」と呼ばれています．

生命の起源に関しても，生物を部品から組み立てることで生物の構成原理について理解を深める，生命現象を単純なモデルとして再現しその物理化学的な性質を明らかにする，生物がもつ仕組みを改変して人工的な生物をつくる，といった合成生物学的な研究が行われています．

● 2.5.2　細菌をつくる

2010 年，「人工細菌をつくった」というニュースが新聞で取り上げられました．つくったのは，J・クレイグ・ヴェンター研究所のクレイグ・ヴェンター（J. Craig Venter）です．彼は，ある細菌のゲノム配列情報をもとに，不要な遺伝子を除き，生育に必要な最小限の遺伝子のセットを含む新たな人工のゲノムDNA 配列を設計しました．そのゲノム DNA を合成し，近縁の別種の細菌に移植すると，その細菌は人工ゲノム DNA に書かれた遺伝情報に基づいてタンパク質をつくり，ゲノム情報の参照元の細菌と同じような形態に変化しました．その人工細菌は，分裂して増殖することもできました．

生物をコンピューターにたとえるなら，人工ゲノムはプログラムであり，ゲノムを移植した細菌はプログラムを実行するためのハードウェアとも見なせます．今回の人工細菌は，プログラムは既存のものを部分的に改変したにすぎません．ハードウェアも，なぜ動作するのか完全に解明されているわけでもない，既存のものを借用しています．全く新規な人工物をつくったようには思えないかもしれません．

完全に新規な人工生命をつくる場合，そのゲノム情報も，ハードウェアである細胞も，新規なものであるはずです．膨大な生物種のゲノム情報が蓄積されつつある現在，新規なゲノムをデザインすることはそれほど難しくはありません．しかし，私たちの細胞より単純とはいえ，細菌の細胞システムは合成するには極めて複雑であり，したがって，細菌と同レベルの新規な分子システムを一から作製することは不可能です．

そこで，既存のハードウェアを利用して，新規に作製したプログラムを実行

させ，（遺伝子の発現を通して）ハードウェアをプログラムに合わせた新規なものに作り変えるのです．つまり，人工生命のための新規なハードウェアをつくる必要はなく，ゲノムDNAだけを設計・合成するだけで，全体として目的の新規な人工物をつくることができます．

バイオ燃料を作製したり有害化学物質を分解するといった有用微生物の開発などへの応用が期待されていますが，増殖のような生命らしい振る舞いをするのに必要な最小の遺伝子セットを明らかにしたり，分子系統学的に想定される地球生命の共通祖先を再現するといった研究にもつながるかもしれない，生命の起源研究にとっても興味深い成果です．

● 2.5.3　細胞をつくる

地球生命の基本は細胞であり，細胞が示す代謝や増殖（分裂）といった活動は，生命らしさそのものです．そのような生命らしい活動・振る舞いの裏には，地球生命に限らない，普遍的な物理・化学的な原理・法則があるはずです．しかし，現在の生物が使用する分子は多様かつ複雑であり，それらが組み合わされた細胞も極めて複雑なシステムであるため，そのままでは理解するのは非常に困難です．そのような場合に有効なのは，性質がよく理解できている要素からなる，シンプルなモデルを作製することです．

そのようなシンプルなモデルによる「生命らしい」現象を再現する試みの代表例が，人工細胞研究です．細胞内の微小空間に特徴的な化学反応や，脂質の物理化学的な性質に基づく小胞（細胞状の構造）の形成や分裂過程，変形や運動といった，「生命らしい」現象が，人工細胞モデルを利用して研究されています．また膜に包まれた内部で遺伝情報を複製し，それに連動して分裂して増えるという，細胞のような挙動を示す人工細胞モデルの作製も報告されています（東京大学の菅原正のグループ）．

「生命らしさ」を物理化学的な現象として捉え，その構築・駆動原理を一般化することは，「生命とは何か？」に対する普遍的な答を探すことでもあります．地球生命とは大きく異なる生命について考える上でも大いに参考になるでしょう．

● 2.5.4 地球生命の仕組みを改変する

　地球上の全ての生物は，自身を構成するための遺伝情報をA，C，G，Tの4種類の文字（塩基）の並び（配列）としてDNA上に記録しています．RNAの場合にはTの代わりにUを使いますが，やはり4種類．また，タンパク質をつくる材料として地球生命が使用しているのは20種類のアミノ酸です．では，なぜDNAやRNAの塩基はその4種類で，アミノ酸はその20種類が使われているのでしょうか？ もっと少ない，あるいは多い種類を使ったとしても生命として成り立つのでしょうか？

　生命の誕生時や初期段階では，遺伝暗号のような仕組みは現在の生命のものよりも単純であり，使用していた核酸塩基やアミノ酸の種類はもっと少なかったという考え方があります．早稲田大学の木賀大介は，遺伝暗号における塩基配列とアミノ酸の対応関係を人工的に改変することで，使用するアミノ酸の種類を19種類に減らした遺伝暗号システムを作製しました．実際にアミノ酸の種類を減らしてみることで，現在の生命のシステムと仮想的な祖先のシステムとを直接比較することが可能になります．

　RNAの場合には，RNA同士の連結反応を触媒するリボザイムを3種類の塩基のみでつくった例や，2種類の塩基のみで作製した例が報告されていることから，塩基の種類を減らしても酵素として働くことは可能なようです．しかし，使用できる文字の種類が少ないと保持できる遺伝情報の量が減ってしまいますから，遺伝子として使用する場合には問題が生じるかもしれません．

　反対に，地球生命が使用していない人工的な塩基を追加することで，DNAの文字の種類を増やす研究も行われています．日本では，シンガポール科学技術庁バイオ工学・ナノテクノロジー研究所の平尾一郎と東京大学の横山茂之のグループが，新たな人工塩基を開発し，6種類の文字をもつDNAを作製しています．2017年には，米国の研究者たちも別の種類の新たな塩基XとYをもち，計6種類の核酸塩基を使用する「半」合成生物をつくることに成功しました．この半合成生物は，6種類の文字からなるDNAを複製できるだけでなく，6種類の文字からなる遺伝暗号に従って，非天然型のアミノ酸を含むタンパク質を合成することもできます．

　使用可能な塩基の種類を増やすことができれば，それによってどのような影

響が生じるのかを実際に確認できることになります．文字の種類が多いと，DNA の長さあたりの情報量が増えて，遺伝情報のコピーや維持に要するコストが減るのでしょうか？　それとも，文字の種類が多すぎると遺伝情報の読み取りミスが増えるなどの不利益が生じるのでしょうか？　また，地球生命が使用している 4 種類の塩基は，読み取りミスの発生頻度や化学的な安定性などの面で人工の塩基よりも優れているなど，積極的に採用されるべきなんらかの理由があったのでしょうか？　このような，「地球生命の仕組みが，なぜそうなっているのか？」という疑問に対して，近いうちに実験に裏付けられた答が示されるかもしれません．

● 2.5.5　私たちとは全く異なる生命をつくる

　アミノ酸やヌクレオチドのような複雑な有機分子には，含まれている原子の種類と数，原子同士の結合の仕方は同じなのに，原子の配置（立体的な形状）が異なる，右手と左手のように鏡像関係にある（右手型と左手型）ものがあります（図 2.20）．それらがつながってできたタンパク質や DNA，RNA も同様です．現在知られている全ての地球生命は，左手型のアミノ酸（タンパク質）と，右手型のヌクレオチド（DNA）を使っています．ですが，なぜその組み合わせなのでしょう？　右手型タンパク質と左手型 DNA からなる「鏡の国の生物」はいないのでしょうか？　右手型と左手型の分子は，物理化学的な性質はほとんど同じです．したがって，鏡の国の生物も私たちと同じように存在できるはずです．見た目には，地球生命と区別がつかないでしょう．ですが，右手型と左手型の分子では 3 次元的な形状が異なるため，ほかの分子との結合や化学反応の特性が大きく異なります．地球生命が「鏡の国の生物」を口にしたとしても，私たちは右手型タンパク質を消化できないだけで特に不都合なことも起こらず，それと気づくことはないかもしれません．

　2016〜2017 年にかけて，国外の複数の研究グループが，DNA 合成酵素を右手型アミノ酸でつくることで，左手型 DNA を合成できる酵素を作製したと発表しました．右手型アミノ酸を連結する技術上の制約から，つくられた酵素は小型で能力も高くはありませんが，今後，技術改良が進むことでより高性能な左手型 DNA 合成酵素もつくられることでしょう．そのような酵素があれ

2.5　合成生物学 ｜ 55

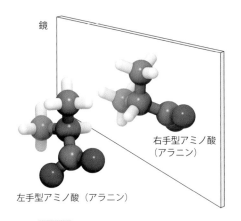

図 2.20 右手型分子と左手型分子の例

アミノ酸の1種であるアラニンは，炭素原子（中央）にアミノ基，カルボキシル基，水素原子，メチル基の異なる4種類の官能基や原子が結合してできています．その結合の仕方には，図に示したように2種類の組み合わせがあります．それらは互いに鏡像の関係にあり，立体異性体（光学異性体）と呼ばれます．地球上の生物が使っている20種類のアミノ酸の内，グリシン以外の19種類にはこのような立体異性体が存在しますが，生物が使っているアミノ酸は全て左手型のものです．

ば，微量にしか存在しない左手型 DNA を増幅して検出することが可能になります．そのときには，自然界に存在するかもしれない「鏡の国の生物」を，左手型 DNA を目印に探してみたいものです．

2.6 地球生物学から真の生物学へ

　私たちが知っている生命は，現在，および化石からその存在がうかがえる過去の，地球上の生命だけです．つまり，私たちが「生物学」と呼んでいるものは，正確には，地球の生命に限定された「地球生物学」にすぎません．本章で述べた様々な研究で明らかにしようとする生命は，誕生段階や進化の途上段階にあたる生命，原始地球上でありえた生命，地球外の生命や人工生命など，「生命」の可能性や概念をあらゆる方向に拡張してくれるものです．地球生命の枠からはみ出ている「生命」について知ることは，本当の意味での生物学をつくり上げることにつながります．それはまた，地球生命，つまり私たち自身

をより深く理解するためにも必要なことなのです.

引用文献

池原健二：GADV 仮説—生命起源を問い直す，京都大学学術出版会，2006.
ウォード，ピーター・ダグラス（著），長野　敬・野村尚子（訳）：生命と非生命のあいだ—
　　　NASA の地球外生命研究，青土社，2008.
小林憲正：アストロバイオロジー—宇宙が語る〈生命の起源〉（岩波科学ライブラリー 147），
　　　岩波書店，2008.
高井　研：生命はなぜ生まれたのか—地球生物の起源の謎に迫る，幻冬舎，2011.
立花　隆ほか：地球外生命 9 の論点，講談社，2012.
中沢弘基：生命誕生—地球史から読み解く新しい生命像，講談社，2014.

参考文献：初心者向け

小林憲正：アストロバイオロジー—宇宙が語る〈生命の起源〉（岩波科学ライブラリー 147），
　　　岩波書店，2008.
　　　宇宙における化学進化や，隕石による有機分子のデリバリー，地球外生命探査について
　　　平易に解説しているアストロバイオロジーの入門書．まずはここから．
高井　研：生命はなぜ生まれたのか—地球生物の起源の謎に迫る，幻冬舎，2011.
　　　極限環境微生物の研究者によって，海底熱水環境とエネルギー代謝に基づいた説得力あ
　　　る生命の起源論が展開されます．最初の生命がメタン菌であるとの主張に，納得．
中沢弘基：生命誕生—地球史から読み解く新しい生命像，講談社，2014.
　　　物質科学を専門としてきた研究者による，新たな化学進化シナリオ（隕石の衝突による
　　　有機分子の生成）が詳細に説明されています．地球スケールで考えた，生命の誕生と進
　　　化の意義も述べられています．
日経サイエンス編集部：生命の起源—その核心に迫る（別冊 日経サイエンス 168），日経サ
　　　イエンス社，2009.
　　　化学進化による RNA の出現やパンスペルミア説，合成生物学など，本章で詳しく触れ
　　　られなかった多数のトピックが豊富なイラストとともに説明されています．
柳川弘志：生命の起源を探る，岩波書店，1989.
　　　RNA に注目して説明される生命の起源論．古いですが，その分，近年の類書では触れ
　　　られることの少ないコアセルベートやミクロスフィアなどの説明もあり，生命の起源研
　　　究の歴史に触れることができます．

参考文献：中・上級者向け

石川　統ほか：化学進化・細胞進化（シリーズ進化学 3），岩波書店，2004.
　　　本稿に関連する第 1 章以外に，現在の地球の生命について考える上で欠かせない細胞や
　　　性の進化についても説明されています．大島泰郎による第 5 章では，生命の起源研究に
　　　おける重要なポイントが簡潔にまとめられ，取り組むべき実験も提案されています．
ウォード，ピーター・ダグラス（著），長野　敬・野村尚子（訳）：生命と非生命のあいだ—

NASA の地球外生命研究，青土社，2008.

　エウロパやタイタンの生命（ケイ素生命も！）から，金星の大気圏に住む生命まで，未知の生命の可能性を想像させてくれます．生命の定義や地球生命の起源についてもしっかり議論されています．

シャピロ，ロバート（著），長野　敬・菊池韶彦（訳）：生命の起源—科学と非科学のあいだ，朝日新聞社，1988.

　生命の起源に関する様々な仮説を，懐疑的な立場から分析しています．本は古いものの，そこで説かれた科学的な態度で仮説を検証することの重要性は（地球上の生命の起源は実際に確認できないからこそ），現在も変わりません．

シュレーディンガー，エルヴィン（著），岡　小天・鎮目恭夫（訳）：生命とは何か—物理的にみた生細胞，岩波書店，2008.

　名著と謳われる，量子力学の大御所によるタイトルどおりの著書．「生物は『負エントロピー』を食べることで，崩壊して平衡状態になることを免れている」．原著は 1944 年．

ルイージ，ピエル・ルイジ（著），白川智弘・郡司ペギオ-幸男（訳）：創発する生命—化学的起源から構成的生物学へ，NTT 出版，2009.

　自己組織化や創発，オートポイエーシスから，細胞モデルへ．原書 *The Emergence of Life*"（Cambridge University Press, 2006）には，加筆された第 2 版（2016）が出ているので，英語で読んでみようという場合はそちらを．

chapter 3

宇宙から宇宙を見る

水村好貴

　古来より，人類は太陽・月・星の観測を行い，宇宙に思いを巡らせてきました．長い年月をかけて人類は科学の力を手にし，徐々に宇宙の理解を深めていますが，いまだ解明されない謎は数多くあります．本章では，人類が獲得してきた宇宙観測の手段について紹介し，日本の人工衛星を通して宇宙から宇宙を見る歴史を振り返り，「人類はなぜ宇宙に行き宇宙を見るのか」について考察します．

3.1 宇宙を見るということ

3.1.1 光（電磁波）について

　宇宙という遠方の現象を観測するためには，宇宙から飛来する情報を的確に捉えなくてはなりません．その情報伝達を行う媒体は，光（電磁波）・宇宙線・ニュートリノ・重力波など様々なものが考えられますが，これまで宇宙の未知を最も多く「解明」してきたのは，明らかに光による観測でしょう．そもそも光とは，人間が認識可能な可視光線はもちろん，電波，赤外線，紫外線，X線やガンマ線など全てを指します．これらは本質的には波長が異なるだけです．全て電磁波であり図 3.1 に示すように電場と磁場の振動が伝播しているもので，波長が長い電磁波は波の性質を強くもち，波長が短い電磁波は粒子の性質を強くもち光子と呼ばれます．天文学は，遠方から飛来する光が運ぶ4種類の情報を巧みに組み合わせて，遠方で起きている宇宙現象を理解し発展してきました．4種類の情報とは，方向・時間・波長・偏光です．これらと宇宙の関係について簡単に紹介しましょう．特に方向・時間・波長の3つの情報については，人間が裸眼で可視光線から情報を得て日常生活の中で活用しているものな

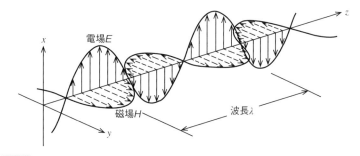

図 3.1 光（電磁波）の伝播方向と電場・磁場の関係（『光と磁気』（朝倉書店，2001）を改変）

ので，理解が容易かと思われます．

　まず，方向情報は光が飛来してきた（入射してきた）方向であり，宇宙で光っている天体の空間分布情報や近傍天体の運動情報をもたらします．こう書くと難しく感じるかもしれませんが，夜空を見上げると星々がつくる多くの星座を認識できるのは，それぞれの星からの光の方向情報を目で見ているからなのです．小惑星・衛星の運動や，惑星の模様や太陽黒点の存在，星雲・銀河・彗星が一点で光っている天体（点源）ではなく空間的広がりをもつことなどは，方向情報を精密に計測できるからこそ知りうる情報です．あらゆる方向は2つの角度情報で指し示すことができ，観測装置における光の入射方向の決定精度を角度分解能といいます．観測装置によっては，2つの角度それぞれについて異なる分解能が定義されるものもありますが，一般的な望遠鏡などの光学観測装置では，角度分解能は単一のパラメーターとして表現されます．代表的な太陽系天体では，地球から見た太陽および月の直径（視直径）は角度にしておよそ0.5度，木星がおよそ0.5〜0.8分角（1分角は1度の1/60）であり，角度分解能がこれらよりよい観測装置でないと点源と区別できません．視力1.0をもつ人の目は角度分解能1分角相当であるので，裸眼で月が点源でなく円形に空間的広がりをもつことは容易に確認できますが，木星が点源かどうかを裸眼の方向情報だけで識別することは困難です．図3.2にハッブル宇宙望遠鏡で観測されたM87を載せます．空間的広がりが観測できるからこそ，宇宙ジェットが噴出している特徴がわかります．

図 3.2 ハッブル宇宙望遠鏡で観測された M87（NASA）（口絵 3 参照）
宇宙ジェットが噴出している様子がわかります．

　時間情報は，いつ光が到来したかという情報です．光は全て光速で伝播するため，宇宙という真空中を伝播する限り光源の時間情報を失いません（重力レンズ効果などで経路長が変わると，私たちが時間情報を見誤る可能性はあります）．また，実は天体の明るさ情報も時間情報に含まれます．光が飛来してくる時間間隔が短い状態が続くのならば，つまり短時間に大量の光が飛来しており，その光源は明るいと言い換えることが可能です．明るさ情報は時間情報に含まれるものの，CCD カメラなどの一般的な光学素子では，技術的難度から光子の到来時間間隔を直接測定せず，ほとんどの場合にある時間幅における光の到来量を観測しています．光源の本来の明るさを推測できれば，観測された光量との比較により光源の距離を推定できます．逆に距離が判明している天体であれば，観測光量からその天体の本質的な明るさを決定できます．天体が突発的な増光・減光などの何かしらの時間変動を起こした場合，天体で発生した現象をそのまま伝えてくれるのです．光量の時間変動情報からは，天体現象の時間スケールだけでなく，空間スケールのヒントも得られます．例えば，球体状の光源について考えましょう．地球から観測できる最も近い球の表面（真正面）と最も遠い表面（端）は，図 3.3 に示すように光の経路長が球体状の光源の半径だけ異なります．この球の表面全体が同時に一瞬だけ発光した場合，地

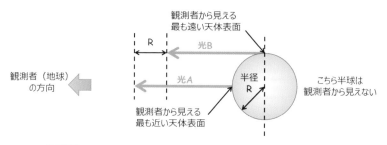

図 3.3 球体状の光源の表面から地球方向への経路長の違いの模式図
光 A,B が同時に天体表面を出発したとしても経路の長さに R だけ差があり，観測者への到達時刻に差が生じます．

球に到来する光はその経路長の差だけずれて観測され，発光が経路長差と光速の積の時間だけ継続して観測されるのです．つまり光量の増減時間変動情報から光源のサイズが推定できます．もちろん，明るくなる場合だけでなく暗くなる場合も，宇宙観測では非常に重要です．最も身近な天体の減光（遮光）現象は，日食でしょう．日食では太陽そのものが暗くなっているわけではなく，月が太陽前面を通って光を一時的に遮ることが明るさの減少として観測されます．宇宙でも同様に，ある天体が別の天体を掩蔽する現象が多くあり，この時間変動情報を使って多くの系外惑星が発見されています．ほかにも図 3.4 に示す超新星 SN1987A の明るさの時間変化のように，時間情報は宇宙を知る重要な情報なのです．

　波長情報は，可視光線の色に対応する情報です．また波長によって光（電磁波）の呼び方は様々あり，波長が長いものから短いものにかけて，電波・赤外線・可視光線・紫外線・X 線・ガンマ線と呼ばれます．図 3.5 に光（電磁波）の呼び名と波長・振動数・エネルギーの関係を示します．目に見える可視光線も，通信に使われる電波も，レントゲンに使われる X 線も本質的には全て同じ光（電磁波）に分類されます．一般的な恒星では，到来する光の波長分布から天体の温度を推定できます．電波や X 線・ガンマ線などの非可視光線においても，波長情報を分析することで天体から様々な情報を引き出すことが可能で，多くの波長帯による同時観測（多波長同時観測）が宇宙現象の謎を解く有力な手法として活用されています．図 3.6 に方向情報と波長情報を組み合わせ

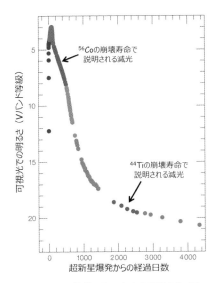

図 3.4 超新星 SN1987A の爆発からの光度の時間変化（European Southern Observatory を一部修正）

減光の一部が放射性同位元素の崩壊寿命でよく説明されます．

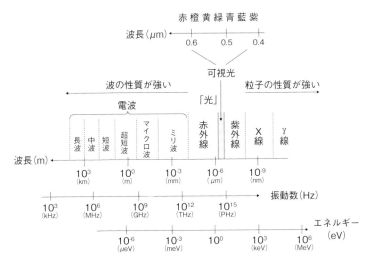

図 3.5 光（電磁波）の波長による名前の変化（『光物理学の基礎』（朝倉書店，2010））を改変

3.1 宇宙を見るということ | 63

図 3.6 波長による天の川の見え方の違い（NASA を一部修正）（口絵 4 参照）

た，天の川銀河の見え方の違いを載せます．同じ方向の宇宙を観測しても，波長により全く異なった空間的構造が見えることがよくわかるでしょう．

　偏光情報の説明の前に，光（電磁波）について少しだけ説明を付け加えましょう．光（電磁波）はその名のとおり，電場と磁場の横波であり，その振動が伝播しているものです．また，電場と磁場の振動方向は互いに直交して光の進行方向には垂直です（図 3.1）．太陽や白熱電灯からの光は振動方向が様々で，平均すると振動方向に偏りがほぼないため，偏光していない光と呼ばれます．一方で何かに反射した光などのように振動方向に偏りがある場合，偏光している光と呼びます．少し難しくなりましたが，比較的身近な例では，ウィンタースポーツ・ドライブ・釣りなどで用いられる偏光ゴーグルや偏光サングラスが挙げられます．雪面・路面や窓ガラス・水面で反射した光は偏光しているため，特定方向の偏光をカットする設計にすることで反射光を効率よく抑え，雪面，路面，水面などを見やすくすることが可能です．宇宙においても，光が星雲などで反射されていれば偏光されます．星間ダストを通過する際に特定の振動方向をもつ光が吸収されやすいため偏光が生じる場合や，そもそも光の放射自体が偏光をもって生まれる過程などがあり，偏光を観測できれば星間空間や天体自体の情報を引き出すことができます．

　ここまで紹介したように，光（電磁波）は宇宙，天体の様々な情報を遠方か

ら運んできてくれます．一般市民がふと夜空を眺めることも，趣味として積極的に観測を行うことも，研究者が大型装置，望遠鏡を使ってデータ取得・分析するのも，同じ「宇宙を見る」ということにほかならず，光が運ぶ宇宙の情報をもとに思いを巡らせているのです．

● 3.1.2 宇宙を見るために要求されること

　宇宙の観測において4種類の情報（方向・時間・波長・偏光）を分析することを上述しました．未解明の宇宙の謎を解くためには，これら4種類の情報をより精密に観測する必要があります．ここでは，宇宙をより深く見るために要求される条件を挙げます．

　そもそも「宇宙を見ること」の条件を挙げるには，光を観測するための装置は，観測装置で光に起因する反応を起こすこと，その反応から宇宙の情報を抽出できることが必要です．これらはなかなか奥が深く，そもそも光が到達しなければ装置は何も反応できず観測が行えません．曇天であれば夜空は見えず星も観測できないということで理解しやすいでしょう．一方で，快晴であっても地球大気が光を吸収もしくは散乱してしまいます．大気が強力な遮蔽体となり，快晴でも地上で観測できない波長帯は多く，むしろ可視光線・一部の赤外線・一部の電波など地上に光が到達する波長帯の方が少数派です（中には地上に光が到達しなくても，大気との反応で生じた二次的な粒子を計測することで間接的に宇宙の情報を抽出できる手法もあります）．図3.7に光（電磁波）の地球大気における到達深度を示します．また大気で散乱を受けてから地上に到達する場合，方向や波長といった情報が書き換えられ，宇宙の情報が抽出できない場合があります．これらが問題となる波長帯では，多くの場合，大気による影響を避けて宇宙から宇宙を見る観測が好条件となります．さらには観測装置に宇宙の情報を保持した光が入射したとしても，光が装置を透過してしまい反応しなければ観測はできません．光が入射した場合の反応確率まで考慮した装置のサイズを表す指標として，有効検出面積があります．ほかにも，観測装置に雑音が大量に入ってしまう場合は，宇宙からの情報は装置に届いていても雑音と切り分けて抽出できず，観測が困難となります．図3.8に光が装置に届いても観測できない状態の模式図を示します．

3.1　宇宙を見るということ　|　65

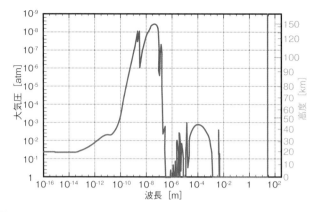

図3.7 光（電磁波）の地球大気における到達深度（R. Giacconi *et al.*, 1968 をもとに作成）
実線で光量が半減する大気圧を示しています．

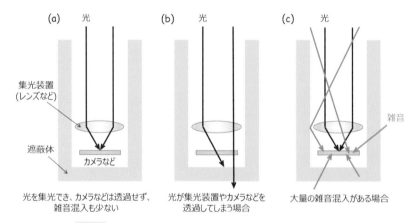

図3.8 光が装置に届いても観測できない代表的な状態の模式図
(a) は理想的な観測状態ですが，(b) や (c) のように装置の一部を透過したり，雑音が大量に混入する場合は観測が困難です．

　次に，4種類の情報（方向・時間・波長・偏光）それぞれの決定能力が挙げられます．方向決定能力は空間分解能（もしくは角度分解能），時間決定能力は時間分解能，波長決定能力は波長分解能（もしくは分光分解能，エネルギー分解能）などと呼ばれます．偏光には，その強さを示す偏光度と角度を示す偏光角の分解能がそれぞれあります．光（電磁波）は電波・赤外線・可視光線・

紫外線・X線・ガンマ線にわたって波長が30桁以上にも及び，それらの物理的特性は大きく異なり，観測手法も全く異なるため，一概にそれぞれの分解能を決める要因を説明するのは困難です（空間分解能を例に挙げるならば，可視光では望遠鏡の結像性能であったり，電波では望遠鏡の口径であったり，低エネルギーガンマ線では飛び出した電子の反跳飛跡の決定性能であったり，最高エネルギーガンマ線では装置の反応時刻精度が空間分解能に影響を及ぼします）．これらに興味をもったならば，宇宙の観測に特化した書籍を探すことをお勧めします（参考文献を参照）．観測したい宇宙の現象によって最低限要求されるこれらの分解能の数値は様々ですが，基本的に要求を満たさない場合は意味のある観測が困難です．またこちらも，大気によって強く影響を受ける場合があり，宇宙から宇宙を見ることで観測性能を著しく向上させることが可能な場合があります．

　次に，推奨される条件として稼働率や視野の広さなどの観測効率が挙げられます．特に，地上の可視光望遠鏡は晴天率が稼働率に強く影響し，昼間は太陽光が大気で散乱し青空に星が埋もれてしまうため，実質的に観測できません．暗い天体を観測する場合は，夜間の月光の大気散乱でさえ影響が大きいのです．湿度が高く大気中の水蒸気量が多いと大気での散乱・吸収を大きく受けることになります．人工光による光害も無視できません．市街部で見る夜空と，山間部や大陸中央の砂漠などで見る夜空では，まさに天と地ほどの差があり，観測可能な天体の明るさが大きく異なります．また，天空に観測したい天体が短時間しか昇らない場合も観測効率は下がります．

　ここまで挙げてきた条件で，大気影響・気象条件・太陽や月や観測対象の日周運動・光害などで制限されているものが目についたでしょう．これらの多くは宇宙に装置を持って行くことで，大きな改善が見込めます．

3.2　宇宙から宇宙を見る

　大気や気象の影響を可能な限り低減した環境は，宇宙を見る上で理想的な環境です．大気の影響を原理的に低減する手段は，とにかく高高度での観測だといえます．高高度での観測手段としては，高山に装置を設置する（数千m），

航空機に装置を搭載する（約 10〜15 km），大気球に装置を搭載する（約 20〜50 km），観測ロケットに装置を搭載する（約 100 km），国際宇宙ステーション（ISS：International Space Station）に装置を搭載する（約 400 km），人工衛星に装置を搭載する，などが挙げられます．

● 3.2.1　上空から宇宙を見る

「上空から宇宙を見る」と題しましたが，どこまでが上空でどこからが宇宙かという線引きは困難です．物理的には，宇宙という印象の強い国際宇宙ステーションや地球周回の低軌道人工衛星も大気の影響を受けて高度が下がっており，大気の影響を完全に回避することはできていません．大気球の飛翔高度では昼間でも星空が出ているため，映像で見ると宇宙だと思う人が多いのではないでしょうか．また，実は国際法的にも領空と宇宙空間の境界線について結論が出ていません．ここでは，高山・航空機・大気球・観測ロケットでの観測について簡単に説明します．

まず高山の最大の特徴は，大気の影響を約 2/3 気圧に抑えた環境で大規模な装置を設置できることです．また，飛翔体（航空機・大気球・観測ロケット・国際宇宙ステーション・人工衛星）への搭載では，基本的に重量・サイズ・形状・電源・データ量などの制限がある上に，振動・音響・温度などの耐性が求められ，装置設計に大きな制約となりますが，高山では比較的自由度が高い設計ができます．特に電波帯域や赤外線帯域では水蒸気による光の吸収が問題となりますが，高山に登ることで観測できる波長幅が広がります．実際に電波帯域の ALMA 望遠鏡は，アタカマ砂漠（標高約 5000 m）に大型望遠鏡を数十台並べて大規模なシステムとして運用し成果を出しています．超高エネルギーガンマ線帯域では，光が大気中で反応を起こして生じた二次光子を検出する間接手法が主流ですが，標高 2000 m 程度まで登ると二次光子の到来密度が高くなり，観測性能が向上します．実際に複数台の大型望遠鏡のステレオシステムである MAGIC 望遠鏡や H.E.S.S. 望遠鏡は多くの成果を出しています．大気が減ることで，可視光帯域でも大気の揺らぎを抑えられ，観測性能が向上します．ハワイのマウナケアやスペイン領ラ・パルマ島は，大型の可視・赤外線望遠鏡が複数並ぶ観測の聖地になっています．図 3.9 に代表的な高山設置型の観測装

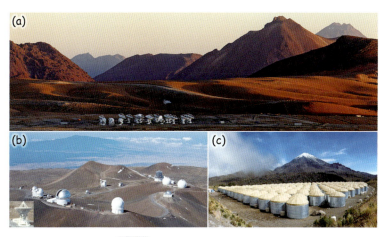

図 3.9 高山で観測を行う装置の例
(a) 標高 5000 m のアタカマ砂漠に設置された ALMA 電波望遠鏡（European Southern Observatory/B. Tafreshi (twanight.org)），(b) 標高 4200 m のマウナケア山頂に設置された望遠鏡群（ハワイ大学天文学研究所），(c) 標高 4100 m のシエラネグラ火山中腹に設置された HAWC ガンマ線望遠鏡（The HAWC Collaboration. http://www.hawc-observatory.org）.

置を示します．

次に航空機ですが，高山と比べて高高度（約 10〜15 km）の約 1/4 気圧の環境に観測装置を運べるメリットがあります．航空機の進行方向により観測できる方向が制限される上，長時間の継続観測ができないデメリットがあります．一方で，非常に安全に飛翔体搭載装置を回収できるメリットがあり，フライトのたびに観測装置の改修や換装が可能です．近年の代表的なプロジェクトとしては中赤外線から遠赤外線で観測を行う SOFIA があります．図 3.10 に SOFIA 実験の写真を示します．

大気球への装置搭載では，航空機よりもさらに高高度（約 20〜50 km）の約 1/100 気圧の環境に観測装置を運べます．硬 X 線・低エネルギーガンマ線・高エネルギーガンマ線は，航空機高度では大気吸収がまだ非常に強く，航空機高度より高高度での観測が最低条件となります．大気球も搭載装置の回収がある程度可能で，観測装置の改修が可能ですが，大気球本体や大量の浮遊ガスは使い捨てとなります．観測ロケットや人工衛星と比べて振動・音響耐性への要求が小さく，搭載装置の形状も比較的自由が利き，1 t 級の大型観測装置の搭載，

3.2 宇宙から宇宙を見る | 69

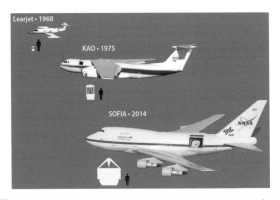

図 3.10 航空機に赤外線望遠鏡を搭載し観測を続けている SOFIA プロジェクト
（NASA / SOFIA / L. Proudfit）
近年は使用する航空機のサイズとともに、徐々に搭載望遠鏡も大口径になってきています。

1日程度の水平浮遊の実施，比較的短い準備期間かつ低コストでの観測の実施などが可能で，実は飛翔体の中でもメリットが多く，挑戦的な理学観測装置の性能実証や，工学実験の場としても使われています．研究者にとって「宇宙への扉」として機能しているのです．日本国内では 2007 年までは岩手県の三陸から，2008 年以降は北海道の大樹町から放球が行われています．日本主体の大気球実験としてオーストラリアなど海外でも実験が実施されており，私も 2018 年春に SMILE-2+ という低エネルギーガンマ線望遠鏡の実験を実施しました．図 3.11 に SMILE-2+ 実験の写真を示します．NASA など海外の実験では，数十日の連続飛翔観測も実現しており，今後の活躍幅が広がると思われる観測手段です．

　観測ロケットは，大気球よりもさらに高高度（約 100 km）の約 1/100 万気圧の環境に観測装置を運べます．装置を地球周回軌道に投入するわけではないので，約 10 分程度と観測時間が限られます．軟 X 線から紫外線にかけての波長帯は観測ロケットの高度以上が要求されます．人工衛星より短期間・低コストで準備が可能で，大気球と人工衛星の中間高度でのその場観測には，観測ロケットしか解がありません．近年では FOXSI-3 による太陽コロナ観測などで科学観測の成果が出ています．図 3.12 に FOXSI-3 実験の写真を示します．

3.2.2 国際宇宙ステーション

国際宇宙ステーションは，米国・ロシア・日本・カナダ・欧州各国の計15カ国が協力運用している宇宙ステーションで，観測ロケットよりさらに高高度（約 400 km），約 1/100 億気圧のほぼ真空の環境を飛翔しており，約 90 分で地球を一周しています．1998 年に最初の建設が着手され，2009 年に「きぼう」日本実験棟が設置され，曝露部で宇宙観測が可能となった比較的新しいプラットフォームです（第 1 巻第 2 章（土井隆雄）参照）．ただし，2024 年以降の運用方針はまだ決定されておらず（2019 年夏時点），プラットフォームとしての継続の見込みは不明です．長時間の連続観測が可能ですが，曝露部に固定されるため天体追尾など自己の姿勢制御は自由度が低くなっています．また，国際宇宙ステーション自体が影となる部分があり，視野が限られます．一方で，電源系や通信系などインフラが整っており，地上との連絡が極めて密になされているため天体現象の即応や速報に適しています．全天 X 線監視装置 MAXI は，2009 年に国際宇宙ステーションに取り付けられ，約 90 分ごとに全天の 70% 程度を走査することを利用して X 線での全天監視を行い，ブラックホール連星・ガンマ線バースト（GRB）・活動銀河核・低質量 X 線連星のフレアなど多数の天体の時間変動を観測しています．また，光での観測主体でなく CALET など粒子線による宇宙観測が主体な装置も「きぼう」に搭載され，その場で精密な電子スペクトルの観測を続けています．図 3.13 に国際宇宙ステーションと「きぼう」の写真を示します．

3.2.3 人工衛星

人工衛星は，地球周回低軌道のものから，長楕円軌道のもの，静止軌道に投入されるもの，月や惑星などほかの天体の軌道に投入されるもの，はたまた太陽系外に飛び出すものまで様々です（本巻第 4 章参照）．ロケットの打ち上げ能力により重量と投入軌道に制約がかかるため，収納部に収まる形状・サイズでなくてはなりません．電源や通信速度・データ量も制約が大きいです．一方で，国際宇宙ステーションの船外プラットフォームに搭載される装置と比べ，自身で姿勢制御が可能で天体の追尾等に自由度があります．また，地球周回軌道であれば，最終的には宇宙の全方向を観測することができます．これは地

図 3.11 大気球搭載の低エネルギーガンマ線望遠鏡 SMILE-2+ プロジェクト (SMILE-2+ チーム)
(a) 望遠鏡本体と制御システム．(b) 大気球に吊り下げられた状態．1/100 気圧環境に耐えるための与圧容器内に望遠鏡が入り，下部には着地衝撃吸収材などが取り付けられています．(c) 大気球放球直後の様子．右下に吊り下げられた装置が見えており，気球との大きさが比較できます．(d) 放球準備中の様子．

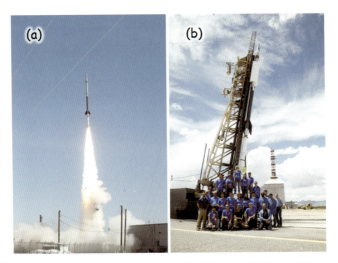

図 3.12 観測ロケットに搭載し太陽を硬 X 線で観測する FOXSI 実験 (NASA/FOXSI チーム) (a) 2014 年に実施された FOXSI-2 の打ち上げの様子．(b) 発射台に設置された 2018 年の FOXSI-3.

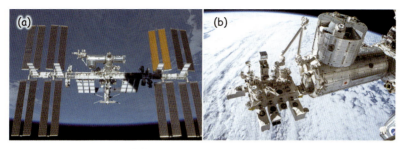

図 3.13　国際宇宙ステーション（NASA）
(a) 国際宇宙ステーションの全体．(b) 日本の実験棟「きぼう」．船外プラットフォームをもち，宇宙観測装置を設置することができます．

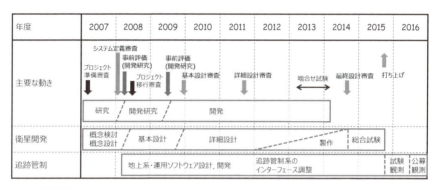

図 3.14　X 線天文衛星「ひとみ（Astro-H）」の打ち上げまでのスケジュール（JAXA の発表資料をもとに作成）
次期天文衛星として採択されてから打ち上げまでに約 8 年の時間がかかっています．

上，高山などの地点が固定されている手法や，航空機，大気球，観測ロケットなど航路が制限されているものとは大きく異なります．経費，時間などのコストが高く，プロジェクトも熾烈な競争に打ち勝たないと飛翔機会を得られないため，魅力ある手段ですが簡単ではありません．図 3.14 に，日本における近年の大型天文衛星として「ひとみ（Astro-H）」の衛星採択から打ち上げまでの時間スケールを示します．衛星採択までにも科学目標の設定から装置の基礎原理追求，コミュニティ内での理解獲得と近隣分野との協力体制の構築など，時間を必要とする要素が多数あります．また，ミッションを重ね科学目標が高ま

るにつれて大型計画になっていき，さらに必要時間が長くなる傾向があります．

　特に，日本が関係する人工衛星は大きく次の9種類に分類できます．

- ・技術実証衛星：おおすみ，たんせい，きく，きずな，まいど，かがやき，など
- ・通信衛星：さくら，ふじ，かけはし，こだま，など
- ・放送衛星：ゆり，など
- ・気象衛星：ひまわり，など
- ・測位衛星：あじさい，みちびき，など
- ・地球観測衛星：もも，みどり，だいち，しずく，いぶき，など
- ・宇宙空間・地球周辺観測衛星：しんせい，きょっこう，あけぼの，あらせ，など
- ・天文衛星：はくちょう，あすか，すざく，ひとみ，あかり，ようこう，ひので，はるか，など
- ・宇宙探査衛星：さきがけ，はやぶさ，ひてん，のぞみ，かぐや，あかつき，みお，など

　まず，X線天文衛星について紹介します．日本の宇宙科学では，X線天文学がお家芸といわれるほどX線天文衛星が活躍してきました．これまでX線天文衛星では，計6機（「はくちょう」「てんま」「ぎんが」「あすか」「すざく」「ひとみ」）が軌道投入に成功しています．「はくちょう」は，質量約96 kgで1979年2月に打ち上げられ，550 km程度の地球低軌道に投入され，約6年運用されました．8つの新しいX線バースト天体を発見したほか，X線連星はくちょう座X-1の観測等で成果を挙げました．「てんま」は，質量約216 kgで1983年2月に打ち上げられて500 km程度の地球低軌道に投入され，約5年運用されました．銀河面に沿った高温プラズマの発見，X線パルサーからの中性鉄の輝線放射発見等の成果を挙げました．「てんま」は，質量約420 kgで1987年2月に打ち上げられて550 km程度の地球低軌道に投入され，約4年運用されました．超新星SN1987AからのX線観測，活動銀河中心核の時間変動やスペクトル観測，超新星残骸のプラズマ観測などで成果を挙げました．「あすか」は，質量約420 kgで1993年2月に打ち上げられ，高度560 km程度の地球低軌道に投入され，約8年運用されました．広帯域でのX線の撮像分光能力をも

ち，宇宙におけるプラズマ状態，特に鉄元素の輝線・吸収線の観測で成果を挙げました．「すざく」は，質量約 1.7 t で 2005 年 7 月に打ち上げられ，高度 550 km 程度の地球低軌道に投入され約 10 年運用されました．銀河団の外縁部の観測に成功し，銀河団がガスを取り込みつつ成長を続けていることを検証しました．また，宇宙初期に多数埋もれていた新しいタイプのブラックホールを発見するなどの成果を挙げました．「ひとみ」は，質量約 2.7 t で 2016 年 2 月に打ち上げられ，高度 575 km 程度の地球低軌道に投入され，約 1 カ月運用され，姿勢制御における異常事象により消失しました．非常に短い運用期間であったものの，ペルセウス座銀河団の X 線精密分光観測に成功するなどの成果を挙げました．図 3.15 に X 線天文衛星「はくちょう」「てんま」「ぎんが」「あすか」「すざく」「ひとみ」の写真を載せます．

　その他の天文衛星としては，赤外線天文衛星「あかり」，電波天文衛星「はるか」，太陽観測衛星の 3 機（「ひのとり」「ようこう」「ひので」），惑星分光観測衛星「ひさき」などが挙げられます．「あかり」は，質量約 950 kg で 2006 年 2 月に打ち上げられ，高度約 700 km の太陽同期軌道に投入され約 5 年運用されました．全天の 94 % を遠赤外線探査し赤外線天体カタログを作成したほか，恒星の生死や銀河での星形成などに関する成果を挙げました．「はるか」は，質量約 830 kg で 1997 年 2 月に打ち上げられ，近地点 560 km・遠地点 2 万 1000 km の長楕円軌道に投入され，約 8 年運用されました．活動銀河 M87 のジェット構造（図 3.2，口絵 3）を 1/1000 秒角の超高解像度で撮像し宇宙ジェットの内部構造を観測するなどの成果を挙げました．「ひのとり」は，質量約 190 kg で 1981 年 2 月に打ち上げられ，高度約 600 km の略円軌道に投入され，約 10 年運用されました．1 カ月で 41 例もの太陽フレアを観測したり（第 1 巻第 4 章（柴田一成）参照），コロナに浮かぶ高速電子雲などや摂氏 5000 万度もの超高温が発生することを発見するなどの成果を挙げました．「ようこう」は，質量約 390 kg で 1991 年 8 月に打ち上げられ，高度 580 km 程度の楕円軌道に投入され約 12 年運用されました．太陽フレア等の爆発現象がコロナでの磁気リコネクションによる現象であることを解明するほか，極大期の太陽コロナを軟 X 線で撮影し，様々な時間スケールで構造が大きく変化していることを明らかにするなど多くの科学成果を挙げました．「ひので」は，質量約

3.2　宇宙から宇宙を見る　│　75

図 3.15　日本のX線天文衛星「はくちょう」「てんま」「ぎんが」「あすか」「すざく」「ひとみ」（JAXA）

900 kg で 2006 年 9 月に打ち上げられ，高度約 680 km の円軌道に投入されて現在も運用中です．太陽彩層への磁場の大規模な出現を，発生前から黒点群の形成まで捉えるなどの観測，太陽風の流源特定，黒点や静穏領域での微細な磁場構造の観測の成果などを挙げています．「ひさき」は，質量約 350 kg で 2013 年 9 月に打ち上げられ，高度 1000 km 程度の楕円軌道に投入され現在も運用中です．極端紫外線により金星や火星などの惑星大気と太陽風の相互作用を調べ，木星の衛星イオのプラズマ領域の観測にて，初期の太陽系環境や木星プラズマのエネルギー源を調査し，木星オーロラの爆発的増光観測，木星磁気圏への太陽風の影響の証明，などで成果を挙げています．図 3.16 に「あかり」「ひさき」「ひので」「はるか」の写真を載せます．

次に紹介しておくべきは，宇宙探査衛星でしょう．1985 年 8 月に打ち上げられた「すいせい」は，太陽周回軌道に入ってハリー彗星の観測を行い，紫外線での撮像で彗星自転周期や水放出率変化を測定するなどの成果を挙げました．2003 年 5 月に打ち上げられた「はやぶさ」は，小惑星イトカワに着陸してサンプルを地球に持ち帰った成果で有名ですが（本巻第 1 章参照），本来の目的はサンプルリターン探査に必要な工学技術実証でした．1990 年 1 月打ち上

76 ｜ 3　宇宙から宇宙を見る

図 3.16　赤外線天文衛星「あかり」，惑星分光観測衛星「ひさき」，太陽観測衛星「ひので」，電波天文衛星「はるか」（JAXA）

図 3.17　金星探査機「あかつき」，小惑星探査機「はやぶさ 2」，工学実験衛星「ひてん」，水星磁気圏探査機「みお」，月周回衛星「かぐや」（JAXA）

3.2　宇宙から宇宙を見る　｜　77

げの「ひてん」は，10 回の月スイングバイ実験や地球大気によるエアロブレーキ実験を成功させて月・惑星探査のための技術を確立した工学実験衛星です．2007 年 9 月打ち上げの月周回衛星「かぐや」は，X 線・ガンマ線による月面の元素探査をはじめ，多数の測定装置により磁気異常や重力場・地下構造などのデータを収集しました．2010 年 5 月に打ち上げられた「あかつき」は，金星軌道上を周回しつつ金星大気の動きを計測し，これまで知られていなかった大気の動きの弓状構造を発見するなどの成果を挙げました．2014 年 12 月打ち上げの「はやぶさ 2」は，小惑星リュウグウの成分分析から太陽系の誕生に迫るミッションです（本巻第 1 章参照）．リュウグウでサンプルリターンに挑戦し成功したと考えられ，地球への帰還が待ち望まれます．2018 年 12 月に打ち上げられた「みお」は，水星の磁気圏の解明を主目的とする水星磁気圏探査機です．粒子観測装置や磁場計測装置やダスト計測器などをもち，水星の磁気圏で起こる様々な物理現象を多角的に分析します．図 3.17 に「あかつき」「はやぶさ 2」「ひてん」「みお」「かぐや」の写真を載せます．

3.3　人類はなぜ宇宙から宇宙を見るのか

　日本の天文衛星と宇宙探査衛星を簡単に紹介しましたが，まず天文衛星に共通していることは，特に光（電磁波）を使った遠隔探査となっていることです．これら天文衛星は，宇宙に観測装置を運ぶことで大気の影響を抑え，宇宙観測をより高精度で実施して未解明事象に関するヒントを得ることを目的としています．次に宇宙探査衛星の特徴は，必ずしも理学研究が主目的になるわけではなく，工学技術実証が目的として多分に含まれていることです．目的の理学研究部分に着目すると，目標天体の近くから観測することや，サンプルリターンなど目標に接触する必要があるもの，磁場や粒子計測などその場で観測する必要のあるものが多く，地上における大気の影響や日周運動の影響を避けること自体は，人工衛星に搭載する主な動機となることは少ないです．
　このように，日本の天文衛星と宇宙探査衛星では多少の特徴の違いがあります．「人類はなぜ宇宙から宇宙を見るのか」という視点で「人類はなぜ宇宙に行くのか」を考えるとき，宇宙に観測装置を送り込まないと実現できない測定

78　│　3　宇宙から宇宙を見る

であること，よりよい条件での測定のために必須であること，それらの実現のため宇宙に行く必要がある，という理由が浮かんできます．本章で紹介した人工衛星は天文衛星と宇宙探査衛星の一部ですが，宇宙空間・地球周辺観測衛星も宇宙から宇宙を見る活躍をしています．また，ここで指す「宇宙に観測装置を送り込む手段」は，人工衛星だけでなく，観測ロケットや大気球などの様々な飛翔体も含みます．手段により要する準備期間やコストには差があるものの，いずれも宇宙の未知を解明することや，未実証の技術検証を行うことなどを目的として「宇宙から宇宙を見る」活動を行っています．人類全体の知見を向上させるためにというのが，「人類はなぜ宇宙に行くのか」の一つの回答といえるのかもしれません．

参考文献：初心者向け

秋本祐希：キャラクターでよくわかる 宇宙の歴史と宇宙観測，技術評論社，2019.
　　その名のとおり，宇宙の歴史と大型観測施設について，親しみやすいキャラクターとともに紹介されており，宇宙に興味を持ちはじめた人にオススメの一冊.
柴田晋平ほか：星空案内人になろう！，技術評論社，2007.
　　基本的には「地上から宇宙をみる」初級者向けの内容で，星空と宇宙の基礎知識や，地上で阻害される望遠鏡の性能などについてもわかりやすく解説している一冊.
沼澤茂美・脇屋奈々代：ハッブル宇宙望遠鏡 25 年の軌跡，小学館，2016.
　　様々な種類の天体を，ハッブル宇宙望遠鏡で撮影された美しい写真とともに楽しめる一冊．まさに「宇宙から宇宙をみる」といえる図鑑.

参考文献：中・上級者向け

家　正則ほか編：宇宙の観測 1 第 2 版（シリーズ現代の天文学 15），日本評論社，2017.
　　可視光線・赤外線における天体観測について網羅的にまとめられており，地上観測と宇宙観測の違いについても概観できる一冊.
井上　一ほか編：宇宙の観測 3（シリーズ現代の天文学 17），日本評論社，2008.
　　宇宙からの X 線・ガンマ線による天体観測のみならず，宇宙線・ニュートリノ・重力波など，電磁波によらない宇宙観測についてもまとめられている一冊.
尾崎洋二：宇宙科学入門 第 2 版，東京大学出版会，2010.
　　天文学・宇宙科学の基礎知識を，できるだけ用いる数式を少なくして解説した一冊.
木舟　正：宇宙高エネルギー粒子の物理学 宇宙線・ガンマ線天文学（新物理学シリーズ 34），培風館，2004.
　　宇宙における高エネルギー現象に関連した宇宙物理学の基礎から，その観測的手がかりとなるガンマ線天文学について，専門家から理工系大学生も参考にできる一冊.
京都大学総合博物館「京の宇宙学」企画展示実行委員会編：京の宇宙学—千年の伝統と京都

大学が拓く探査の未来―，NPO 花山星空ネットワーク，2008.

　京都における宇宙探査・宇宙開発の歴史を比較的近年の成果を交えて，多数のカラー図とともに紹介した一冊.

中井直正ほか編：宇宙の観測 2（シリーズ現代の天文学 16），日本評論社，2009.

　電波による天体観測について，その歴史から，単一鏡による観測・干渉計による観測技術等まで詳しくまとめられている一冊.

長谷部信行・桜井邦朋編：人類の夢を育む天体「月」―月探査機かぐやの成果に立ちて―，恒星社厚生閣，2013.

　近年の日本における代表的な宇宙探査衛星「かぐや」の素晴らしい観測成果をもとに，最も身近な天体である「月」について，その基礎から宇宙基地建設にまで触れた一冊.

吉森正人：ガンマ線で見る宇宙，地人選書，1988.

　多少古い書籍ですが，「宇宙からガンマ線で見る宇宙」の読み物として読み進められる一冊.

chapter 4

人工衛星はどうやって飛んでいるのか
── 力学と制御

大塚敏之

　この章では，人工衛星がどうやって飛んでいるのか，その姿勢は何も足場のない宇宙空間でどうやってコントロールされているのか，といった話をします．地球を回る人工衛星を含めて，宇宙ステーションや地球を離れて飛んでいく宇宙探査機など，地球の大気圏外で使われるものを総称して「宇宙機」といいます．宇宙機の力学や制御についても紹介します．力学というのは物体の運動を調べる学問で，制御というのはいろいろなものをうまく動かすための働きかけのことです．人工衛星でいえばある力が加わった結果どのように動くかを調べるのが力学です．逆に，何か人間にとって望ましい動きをさせるよう力を加えるのが制御です．

4.1　生活に欠かせない人工衛星

　人工衛星は私たちの生活になくてはならないもので，本巻の各章で人工衛星の成果が取り上げられています．皆さんのもっているスマートフォンでも，たいてい GPS で自分の位置がわかるようになっています．GPS では，24 機の人工衛星が地上から 2 万 km くらいのところを約 12 時間の周期で飛んでいて，それぞれの人工衛星が時間と軌道の情報を発信しています．これだけ数があると，地上のどこからでも常に 6 機以上は見えます．そして，その 6 機以上の人工衛星から送られてくる，それぞれの時間情報や軌道情報を受信して処理すると，情報を受信した位置が完全にわかるというのが，GPS の原理です．カーナビも GPS を使っていますから，人工衛星なしに現在の便利な生活は成り立たないわけです．

さらに気象衛星にも天気予報で毎日お世話になっています．今，日本でよく使われている気象衛星ひまわり8号は，重さが3.5tもあります．普通の自家用車より重いです．太陽電池パネルを含んだ大きさが8mぐらいあるものが飛んでいます．基本的に見たいのは日本の上空ですので，日本の上空に常に止まっているような，いわゆる「静止衛星」になっています．気象衛星から撮影した画像とスーパーコンピューターを使った気象のシミュレーションとを組み合わせて，なるべく正確な天気予報をしています．

未知の世界を探るためにも人工衛星というのはとても有効で，ハッブル宇宙望遠鏡は，望遠鏡そのものを軌道上に上げたものです．そうすると，大気の影響を受けずに観測できます．1990年に打ち上げられたもので，望遠鏡の口径が2.4m，重量が11.1tもあります．画期的な成果を数々挙げていますが，それは人工衛星だからこそできたことなのです．

小惑星探査機はやぶさは，地球の周りから離れて飛んでいって，小惑星イトカワに接地してサンプルを採り，しかも帰ってくるという，チャレンジングな探査機でした（本巻第1章参照）．また，1977年に打ち上げられた米国の宇宙探査機でボイジャー1号というものがあります．これは，人類がつくったものの中では地球から最も遠くに到達した物体で，初めて太陽系の外に出たものです．ボイジャー1号は，土星や木星を観測して，とても鮮明な画像をたくさん撮影しました．

4.2 人工衛星はなぜ落ちない？

GPS衛星や気象衛星は地球の周りを回っていますが，ずっとロケットエンジンを噴射しているわけではありません．空気のない宇宙空間ですから飛行機のような翼も付いていません．では，なぜ落ちてこないか説明できますか．

タネ明かしすると，人工衛星はずっと落ちているのです．もしくは，引力と遠心力が釣り合って落ちないという見方もできます．しかし，たぶん一番直感的にわかりやすいのは，ずっと落ちているけれど，地球が丸いから地面に到達しないだけ，という説明だと思います．

これから，その説明を試みます．当たり前ですけれど，地上でリンゴのよう

82 ｜ 4 人工衛星はどうやって飛んでいるのか

な物体を空中に持って手を離せば落ちます．次に，同じ高さから横方向に投げると，落ちる時間は同じなのですけれど，水平方向に初速（最初の速さ）をもたせればその向きに飛んでいって遠くに落ちます．

でも，とても速く投げたならどうなるでしょうか．そうすると，地球の丸さというのが無視できなくなります．地球は丸いわけですから，とても速く，しかも高い所から投げたなら，地球のこの丸さの影響が出てきて，平らなときより遠くまで届きます（図 4.1）．では，もっともっと速くしたらどうなるでしょうか．あまりに初速が大きいと，うまく地球の丸さに沿って落ち続けます．そうすると回り続けるというわけです．ずっと落ち続けているのだけれど，地球が丸いので，ずっと同じ高さにとどまるというのが人工衛星の落ちない理由です．

力学を使うと，空気抵抗を完全に無視したとして，地球の表面すれすれでずっと回り続けるために必要な速度は，7.9 km/秒と計算できます．これは「第1宇宙速度」と呼ばれ，地球の重さなどから計算できます．1秒間で7.9 km進むというのは，とても速いですよね．そのくらいの初速を与えれば，落ち続けているのにもかかわらず，地球の丸さとバランスして地面には到達しないというわけです．

したがって，人工衛星を実現するのに大切なのは，初速を与えるということ

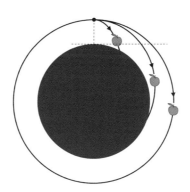

図 4.1 初速による落ち方の違い

初速が速いと地球の丸みで遠くまで届き，初速が十分に速いと地球の丸みに沿って落ち続けます．

4.2 人工衛星はなぜ落ちない？ | 83

です．初速を与える方法が，皆さんご存じのロケットです．小さい人工衛星を打ち上げるのに，とても大きいロケットが必要なのは，初速を与えるためなのです．ロケットを使って加速して，適切な高さと向きで人工衛星を切り離して，人工衛星に初速を与えます．そうやって，人工衛星が飛んでいきます．

人工衛星が地球を回り続けるときの速さは，初速を与えたときの地面からの高さによって決まります．したがって，人工衛星が地球を一周するのにかかる時間（周期）も最初の地面からの高さによって決まります．たまたま，地球を一周する周期がちょうど24時間だったら何が起きるでしょうか．人工衛星が地球の自転に合わせて，同じ方向に24時間で一周するように回っていて，地球も24時間で一周するわけです．そうすると，結局，地上の同じ点から見ていると，人工衛星が止まって見えます．そのような人工衛星は，地球上の同じ場所をずっと観測するのには非常に適しています．これが「静止衛星」です．止まっているのではなくて，止まっているように見えるのです．

人工衛星の周期が24時間になる条件を計算すると，赤道上の高度約3万6000 kmで速度は3.1 km/秒となります．先ほどの，ひまわり8号のような気象衛星に，こういう静止衛星の原理が利用できるわけです．

4.3　人工衛星からものを投げると？

ここでもう少し複雑な状況を考えてみましょう．いま地球の周りを一定の高さで回っている人工衛星があったとします．そこからさらに地球に向かってまっすぐに，例えばリンゴのような物体を投げたとします．つまり，回っている人工衛星から真下に初速を与えます．そのとき，物体はどういうふうに飛んでいくか想像できますか．

正解は，「人工衛星の進行方向へ曲がる」です（図4.2）．これは，力学的には，高度が下がることによって，位置エネルギーが運動エネルギーに変わって速度が速くなるという説明ができます．別な見方をすると，人工衛星が飛んでいる円軌道から出発して，下方向に速度がつくということは，円軌道のある点を通るのだけれども，そこからは別の向きに飛んでいくことになります．もともと7.9 km/秒といった速度をもっていて，さらに，そこに下方向の速度成分

84　｜　4　人工衛星はどうやって飛んでいるのか

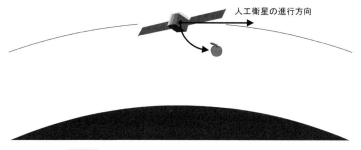

図 4.2 人工衛星から真下へ初速を与えた物体の運動
人工衛星から地球に向かって物体を投げると，人工衛星の進行方向へ曲がります．

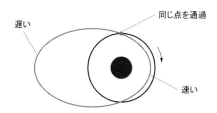

図 4.3 同じ点を通過する 2 つの軌道
人工衛星から地球に向かって投げられた物体は，人工衛星とは違う軌道に沿って運動します．

も加わるわけですから，少し斜め下に飛んでいくわけです．ただ，さらに速度が足されて，かつ，低い方へ落ちるわけですから，速くなります．下がっているときには速くなります．

そして，円軌道に戻ってきて，そこから上に上がって，今度は遅くなって元に戻ります．そういう，別の軌道に乗るのです（図 4.3）．地球の周りを回っている物体の軌道というのは，真円とは限らなくて，一般には楕円[1]になります．楕円の焦点の一つが地球です．人工衛星の円軌道から打ち出された物体は別の楕円軌道に乗るというわけです．このときに，物体を人工衛星から見ると，最初は下がりながら人工衛星より前の方に進んでいって，前の方で軌道を

---

1) 楕円というのは，ある 2 点からの距離の和が一定になるような平面図形です．その 2 点のことを焦点といいます．

横切って上の方に行って，その後は真上から戻ってきます．つまり，真下に投げたつもりが，ぐるっと回って自分の頭の上に戻ってきます．そういう不思議な運動をします．

　ですから，人工衛星1つだけなら地球の周りを回るだけですが，人工衛星ともう1つ別の人工衛星が接近して飛ぶランデブーや，連結するドッキングを考えると，直感と違う動きをするので意外と難しいのです．そこで，どうやって操縦するのかという，制御の面白い問題がでてきます．

4.4　いろいろな軌道

　さて，人工衛星の速さをどんどん速くするとどうなるか考えてみましょう．同じ点を通って速さの違う軌道を考えると，速さによって軌道の楕円が決まります．速さが大きいと，それだけエネルギーが大きくなり，地球から遠いところ（つまり，地上から高いところ）まで到達します．そうすると，楕円が細長くなります．速くするほど楕円が細長くなっていき，どんどん速くしていくと，軌道が放物線になって戻ってこなくなります．

　戻ってこなくなるということは，地球の周りから脱出してほかの惑星に行けるということです．どれだけ速くすれば戻ってこなくなるのかということは，力学を使うと計算できて，地球表面から出発する場合は，11.2 km／秒ということが求められます．これを「第2宇宙速度」といいます．惑星探査機を飛ばすためには，これだけの初速を与えるための大きなロケットが必要ですし，軽いものでないと，これだけの初速を与えられないわけです．

　さらに速くするとどうなるかですが，今度は地球ではなく太陽の周りで考えます．太陽の引力は強いので，生半可なことでは，太陽の引力を脱することはできません．地球から出発する場合，太陽の周りを回る軌道にすら乗らず太陽系を離れるには，最低でも 16.7 km／秒必要なことが示せます．これは見落としがちなことですが，地球自体も太陽の周りを回っています．この運動を公転といいます．公転の速度は約 30 km／秒です．人工衛星の 7.9 km／秒よりかなり速いです．実は私たち自身が今この瞬間もそのような高速で動いているのです．それだけの速さで動いている地球から探査機を打ち上げる場合は，その公

86　│　4　人工衛星はどうやって飛んでいるのか

転速度の分を利用してやれば，太陽系から脱出することができます．ちなみに，地球自身が回転している自転の速度も利用するなら，なるべく自転速度の速い赤道近くで打ち上げた方が有利です．赤道上の点は，1日で1周しますので，1秒間で460 mほど動いています．

4.5　軌道の決め方

　ここで，よい軌道の決め方についても話をしましょう．ロケットに積める燃料は限られていますから，燃料を使わずに探査機を加速する方法が考えられています．それが「スイングバイ」と呼ばれる技術で，惑星の近くを通り過ぎるのです．そうすると，不思議なことに，燃料を使わなくても，惑星に近づいたときから比べて離れていくときの方が速くなります．

　これも力学を使えば数式で説明をできるのですが，非常にざっくりいうと，通り過ぎた惑星から見ると，探査機が近づいてきたときの速さと，遠ざかっていくときの速さは一緒なのです．しかし，太陽から見ると，惑星の公転速度方向に加速されます．近づくとき惑星の引力に引っ張られて加速されて，その方向に惑星も進んでくれれば，加速がそのままキャンセルされずに残って速さが大きくなります（図4.4）．スイングバイをうまく組み合わせると，燃料を使わずに探査機を加速したり軌道を変えたりできますので，スイングバイは非常に重要な技術です．例えば，小惑星探査機はやぶさや宇宙探査機ボイジャー1号

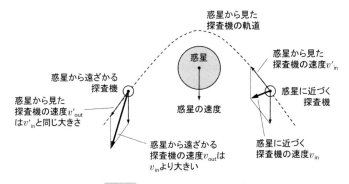

図4.4　スイングバイによる加速

のときにも使われています.

このように，軌道をうまく決めるというのは，探査機を実現する上で重要な問題です（第1巻第3章（坂東麻衣）参照）．いろいろな選択肢の中から一番よいものを見つけることを「最適化」と言いますけれども，軌道の最適化というのは，非常に重要な技術です．そもそも，惑星探査機が飛んでいったときに，惑星がちょうどよいタイミングでそばに来てくれるなどということは，無造作に飛ばしたのではありえません．惑星探査機を打ち上げるときに，打ち上げる方法とかタイミングを慎重に決めるのです．宇宙探査機の実現には，いろいろと面白い問題が含まれています.

4.6　人工衛星の姿勢も大切

ここまで，人工衛星を所定の軌道で飛ばす話をしてきましたけれども，人工衛星の向きも大切です．例えば，ハッブル宇宙望遠鏡や気象衛星ひまわりは，観測したい方向を正確に向いている必要があります．ですので，向き（姿勢）をどうやって制御するかというのもとても重要です．姿勢の制御では，カメラなどの観測機器を1つの観測対象に正確に向けるほか，状況に応じて向きを変えることも必要です.

足場がない宇宙で，どうやって向きを変えるのか，いろいろな方法が考えられています．代表的なものとしては，スラスター，リアクションホイール，コントロールモーメントジャイロといったものがあります．こういったものを使って，足場のない宇宙でも素早く向きを変えて，姿勢を精密に制御します.

まず，スラスターというのは，ガスをノズルから噴出させたときの反動を使うのでわかりやすいと思います．例えば，スペースシャトルのいろいろなところにスラスターが付いています．ただ，これはガスを消費するので，ずっと使い続けることはできません.

ガスを使わずにどうやって姿勢を変えられるのかと思うかもしれませんが，うまい方法が考えられています．その一つが，リアクションホイールです（図4.5）．フライホイール（弾み車）という重い円盤を人工衛星の中に積んでおいて，それを回すと，その反動で外側の人工衛星の向きが変わるというわけで

す．これもイメージしやすいと思います．ものを回す力のことを「トルク」や「モーメント」といいます．人工衛星の中に積んだ円盤をモーターで回すことで「反作用トルク」を発生し，外側の人工衛星本体を反対向きに回すのがリアクションホイールです．これをいくつか取り付けておけば，組み合わせて好きなように姿勢を変えることができます．

　さらに凝ったものが，コントロールモーメントジャイロです（図4.6）．フライホイールを使うのは先ほどのリアクションホイールと同じですが，リアクションホイールではフライホイールの回転を加減速することで反作用トルクを発生させるのに対し，コントロールモーメントジャイロでは，回転軸を傾けたときの「ジャイロモーメント」と呼ばれる効果で反作用トルクを出します．これは結構ややこしくて直感が働きにくいものです．不思議な面白い動きをします．

　コントロールモーメントジャイロのフライホイールは，回転軸周りに一定回転速度で回っています．そこが，リアクションホイールとの違いです．この回転軸を傾けると，不思議なことに別の軸回りのトルクが発生するのです．回転軸を傾けること自体には，それほど大きな力はいらなくて，高速で回っているフライホイールの回転軸を，わずかな力で傾けてやると，大きなトルクが発生します．リアクションホイールと比べて大きなトルクを発生できるというのがメリットで，原理はややこしいのですが，結構使われています．

　人工衛星を目標の姿勢にもっていくためには，以上のような装置をどういうふうに動かせばいいかという，制御が重要だということがわかると思います．人工衛星の向きがどういうふうに変わるのかということは，数式を使わないと

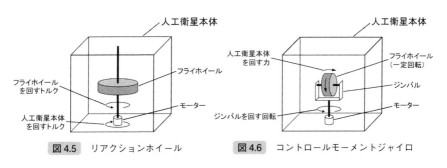

図 4.5　リアクションホイール　　　図 4.6　コントロールモーメントジャイロ

4.6　人工衛星の姿勢も大切　｜　89

なかなかわかりません．どういうふうに動かせば望みどおりの制御が達成できるか，簡単にはわからないので，正確な制御を実現するには数式を使わざるをえないのです．

4.7　宇宙の構造物

　次に，宇宙機のサイズを大きくして，宇宙ならではの構造物の話をしましょう．少し SF 的な話も交えます．皆さんご存じの宇宙構造物といえば，今だったら，国際宇宙ステーション（ISS）だと思います．これは，大きさが 74 m×108 m，重さは 420 t です（第 1 巻第 2 章（土井隆雄）参照）．1992 年に組み立てを開始して，2011 年に完成しました．米国を中心として，日本，欧州，ロシアなど多数の国が参画して共同で運用されています．日本は「きぼう」という宇宙実験の施設をもっています．

　国際宇宙ステーションの見た目は地上のビルと全然違います．宇宙につくるわけですから，発想からして全く違うのです．一番大きな違いは，宇宙では自分の重さ（自重）を支える必要がないという点です．また，材料はロケットで全部打ち上げなければなりませんので，少しでも軽くつくって打ち上げ回数を減らしてやった方がいいわけです．

　一方で，非常に軽くつくると，変形しやすくなって柔軟性を無視できない場合があります．例えば，スペースシャトルがドッキングしたときに，振動が発生してしまうとか，向きを変えようとしたときにたわんで壊れそうになってしまうとか，宇宙の構造物ならではの問題が発生する可能性があります．

　しかも，地上で試しに組み立ててみようとしても，重力があると宇宙と全く同じ条件の試験ができません．宇宙では自重を支える必要がないので，宇宙でしか組み立てられない構造物になってしまうわけです．そこも宇宙構造物の設計や制御の難しさです．

　このような宇宙構造物の力学と制御に関する研究は，1980 年代から 1990 年代にかけて世界的に活発に研究されました．国際宇宙ステーションの制御は，先ほど紹介したコントロールモーメントジャイロを使って制御されているそうです．常にある軸を地球方向に向けるように姿勢が制御されています．あまり

急に変えると，いろいろなところが振動してしまう可能性があります．そういった問題が，世界的に活発に研究されました．

4.8 宇宙でひもを使う

　宇宙での構造物には，国際宇宙ステーションほど知られていませんが，「テザー衛星」というものもあります．テザーというのは，ひものことで，例えばスペースシャトルから，ひもの先に観測機器を付けて長く伸ばしたようなものです．決して空想のものではなく，実際にいくつか実現されています．例えば1966年のジェミニ11号という有人人工衛星では，30 mのテザーを伸ばしてランデブー実験をしています．また，1993年にSEDS-1という実験で20 kmのテザーを繰り出すことに成功しています．ひもは軽いので宇宙に持っていきやすく，これを軌道上で繰り出すと，いろいろ面白い用途があります．例えば，電気を通す素材でつくると，地球の磁気との相互作用で発電ができたり，逆にテザーに電流を流しておくと推進力が発生したりします．また，テザー衛星を振り回して勢いがついたところで切り離すと，両端のものが分かれて飛んでいきます．つまり，燃料を使わずに軌道の変換ができるわけです．

　先ほど，人工衛星から物を投げたときどう飛んでいくかという話をしましたが，あれからわかるとおり，単純にテザー衛星を打ち出したらまっすぐ飛んでいくわけではありません．しかも，ひもというのは，引っ張ることはできても押すことができませんから，テザー衛星を所望の位置に動かすのは案外と難しい問題です．これも，根元の張力とか繰り出し速度による制御の問題です．

　さらに，まだ実現していない宇宙構造物として，宇宙エレベーターというものがあります（図4.7）．いろいろなバリエーションはありますが，最も基本的な考え方は，重心（全体にかかる重力が集中していると見なせる点）が静止軌道にあるような上下にとても長い構造物をつくり，そこをエレベーターで上り下りする，というものです．全体としては静止衛星なので，地上の一定の場所から上り下りできるわけです．ずっと夢物語だとされてきたのですが，カーボンナノチューブなど材料が進歩していけばあながち夢でもないのでは，といわれ始めています．

4.8　宇宙でひもを使う　│　91

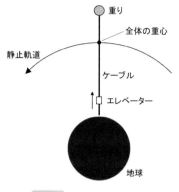

図 4.7 宇宙エレベーター

　この宇宙エレベーターを実現しようという構想はときどき発表されますし，宇宙エレベーターを上り下りする機構のコンテストが開催されたりしています．興味のある人は，アーサー・クラーク（Arthur C. Clarke）の『楽園の泉』（1980）という SF 小説を読んでみたらいいかもしれません．これが，まさに宇宙エレベーターを取り扱った SF 小説です．

4.9　巨大な宇宙構造物の構想

　アニメ「機動戦士ガンダム」（富野由悠季，1979〜1980，日本サンライズ）の舞台になっているスペース・コロニーも巨大な宇宙構造物です．スペース・コロニーは宇宙につくる人工の居住空間で，形もいろいろなのですけれど，ガンダムに出てくるのはオニール型スペース・コロニーという，巨大な円筒型のものです．円筒の側面には壁と窓が交互につくられていて，壁の内側は地面で，窓の部分には鏡を付けて太陽光を取り入れます．鏡を動かせば昼や夜をつくることができます．さらに，全体を回転させることによって遠心力で重力を模擬し，この中では普通に暮らせるという壮大な構想です．

　ちなみに，スペース・コロニーをどこにつくればよいかは昔からわかっています．「ラグランジュ点」という，地球と月に対して特別な配置になるところにつくれば，放っておいても，そこから漂って外れていきません（第 1 巻第 3

章（坂東麻衣）参照）.

　もっとスケールの大きい空想上の宇宙構造物を登場させたのが，ラリィ・ニーヴン（Larry Niven）の書いた SF 小説『リングワールド』（1978）です．恒星（太陽のように，自分のエネルギーで輝く星）の周りにリング状の巨大構造物がつくられていて，その回転で発生する遠心力が重力の代わりになります．そんな世界がなぜかあって，主人公がここを探検するというのが小説のテーマです．直径がほぼ地球の公転軌道というとてつもないサイズで，リングの内側の面積は，地球の約 300 万倍です．いろいろ設定が工夫されていて，リングはただの平べったい板ではなく，縁に壁がつくられていて，空気が外に逃げないようになっています．さらに，昼と夜をつくるために，スリットの入った構造物がもう 1 枚リングの内側にあります．これが地上に影をつくるので，昼と夜ができるという空想です．力学的な問題もあるようで，小説を読んで考えてみるのも面白いかもしれません．

4.10　制御とは？

　ここからは視点を変えて，今まで何度か出てきた「制御」について紹介したいと思います．なんらかのシステム，例えば人工衛星や宇宙ステーションを，思いどおり操ることを制御といいます．「システム」というのはとても一般的な概念で，人工衛星だけでなく，地上の自動車やロボット，さらに化学反応や生物，人間，社会や経済など，時間とともに変化していくものはなんでもシステムです．うまく動かしたいものに何かしらの働きかけをすると，その結果として何かしら変化が起きます．機械に力を加えると，その結果として位置が変わるとか，ビーカーの中に何か化学物質を入れると，化学反応が生じて別の物質ができるとか，全てシステムとして統一的に捉えられます．

　制御工学の実験でよく使われる「倒立振子」というものがあります．これは，手のひらの上に棒を立てて倒れないようにする遊びと同じことを，機械で実現します．振子の乗った台車をうまく動かすことで，逆さまになった振子が倒れないよう制御されています．何も制御をしないと下向きにぶらぶらしていたものが，重力に反して上向きに止まるよう制御されているわけです．制御に

よって，普通では実現できないような状況が達成できるのです．

考えてみると，人工衛星を打ち上げるためのロケットも倒立振子と同じことです．ロケットの一番下にロケットエンジンが付いていて燃焼ガスを噴射していますから，放っておいたら倒れてしまいます．それが倒れない基本的な原理は倒立振子と一緒で，微妙にノズルの向きを調節して倒れないように姿勢を制御しています．

皆さんが乗っている自動車のエンジンも制御の塊で，所望の性能を出すように制御されています．あとは，自動車の乗り心地をよくするアクティブサスペンションやハンドル操作を補助するパワーステアリング，自動ブレーキなども全て制御です．自動運転は人工知能として見られることが多いようですが，広い意味での制御でしょう．エアコンだって室温を設定温度に保つように制御されています．さらにいえば，私たちの体温だって，体が自動的に制御してくれているわけです．

制御というのが非常に普遍的な概念だということをわかっていただけると思います．人工物ばかりではなく自然界のものも含めて，あらゆるものに共通する普遍原理があるということです．そのような普遍的な問題を考える学問を「システム科学」といい，その中でも特に制御の方法を考えるのが「制御工学」という学問です．

4.11　産業革命も制御のおかげ

倒立振子やロケットが倒れないようにする制御では，「フィードバック制御」という仕組みを使っています．例えば，ロケットが風や重力でわずかに倒れたとき，倒れた角度を測って，目標の角度からの差に応じてロケットのノズルをどちらに動かせばよいか計算してそのとおり動かす，ということを時々刻々，実行しています．ノズルの動き（原因）がロケットの傾き（結果）に影響し，その傾きに基づいてノズルの動きを決めるという，いわば結果の情報を原因に反映させることで所望の動きを実現しています．これを，フィードバック制御といいます（図 4.8）．

一方で，フィードバックなしの制御というのも，いろいろなところで使われ

94　│　4　人工衛星はどうやって飛んでいるのか

ています．どう動かせばよいかあらかじめ決めておき，それをそのまま実行する制御です．これを「フィードフォワード制御」といいます．例えば炊飯器では，温度を保つためにはフィードバック制御が使われていると思うのですが，いわゆる「始めチョロチョロ中パッパ」（ご飯を炊くとき，最初は中火でその後強火にするのがよいという昔からの言い伝え）のような，どのような温度パターンで加熱すればいいかというのは，あらかじめ決められているらしいです．そういう意味では，炊飯器の温度パターンなどはフィードフォワード制御といえます．

産業革命が起こったのはフィードバック制御のおかげだったともいわれます．ジェームズ・ワット（James Watt）が使いやすい蒸気機関を完成させられたのは，自動的に一定回転数を保つ機能を付けたからなのです．ワットの重要な発明は，「遠心調速機（ガバナー）」と呼ばれるものです．回転軸に重りの付いた機構が取り付けられていて，蒸気弁の開き具合と回転数がバランスするところで，回転数が一定に保たれます．これが，産業革命の中で重要な役割を果たしたフィードバック制御です．

4.12 最もよい制御とは？

以上が制御の大まかな原理なのですけれど，原理がわかると，次は，よい動かし方とはなんなのかということをさらに考えたくなります．惑星探査機の場

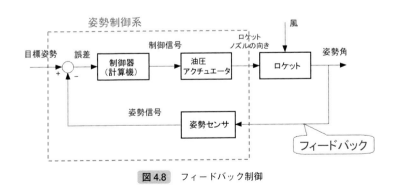

図 4.8　フィードバック制御

合ですと，よい制御というのは何通りか考えられると思います．例えば，地球から出発して目的地に行くまでの消費燃料を最小にせよというのが一つ考えられます．なるべく少ない燃料を使った方が，燃料の代わりに観測機器を積めますから，合理的な目標です．

　その一方で，なるべく早く着きたいという場合もあると思います．ただし，探査機が発生できる推力に限界がありますから，その制限下で目的地に到達するまでの時間を最小にするような，ロケットエンジンの噴射パターンを決めなさい，といった問題になります．

　結局，何がよいかというのは人間が決めます．ここに人間の価値判断が入るのが，制御工学が科学ではなく工学である理由です．燃料を最小にするとか，時間を最小にするとか，何を最小にしたいかは人間が決めるわけです．ただ，何を最小にしたいか明確にすると，あとはほとんど数学の問題になります．

　時間や燃料のように，なんらかの制御目的を表す量を一般に「評価関数」といいます．評価関数を最小にするような制御入力（操作量）を求めるのが，「最適制御問題」と呼ばれるものです．人間が何か働きかけることができて，時間的に変化していくようなものには最適制御問題が使えます．適用範囲はとても広いのです．

　最適制御問題で求めたいのは，フィードフォワード制御でしたら時間の関数ですし，フィードバック制御でしたら，システムのそのときの状態に応じて制御入力を決めるので，状態の関数です．

　少し数学的な話になりますが，評価関数はいわば関数の関数なのです．フィードフォワード制御では時間の関数として制御入力が変わります．フィードバック制御だったら，システムの状態の関数として制御入力が変わります．そのような関数の中から評価関数を最小にするものを見つけるので，関数の関数の最小化ということになります．

　これは，数学的には簡単ではありません．高校で微分や関数の最小化を習ったことのある人がいるかもしれませんが，それよりもっと一般的です．関数の関数を「汎関数」といって，最適制御問題は汎関数の最小化問題ということになります．例えば惑星探査機の場合だと，燃料消費量や目的地への到達時刻といった評価関数の値が，推力の大きさや向きの時間履歴つまり時間関数で決ま

りますから，時間の関数に対応して評価関数の値が決まるというわけです．

4.13 最もよい動かし方を求める

いったん最適制御問題から離れて，汎関数の一番わかりやすい例を挙げると，長さが一定の曲線と座標軸で囲まれる面積です（図4.9）．x 軸上にA点とB点があって，その間を長さが一定のひもで結んでいます．このひもの形が $y = f(x)$ という関数になっているわけです．この関数をいろいろ変えると，当然曲線で囲まれる面積 $S[f]$ も変わりますから，確かに関数の関数の例です．これはどういうときに面積が最大になるかわかるでしょうか．直感的に考えて，なんとなくでこぼこせず膨らんでいる方がよさそうです．実際，2点を円弧（円周の一部）で結ぶと面積が最大になることが数学的に示せます．

普通の関数だったら，関数が一番小さくなっている点では傾きが0になるという条件を使って，関数を最小にする点を探します．そのような考え方を関数の関数である汎関数に拡張すると，関数の微小変化に対する汎関数の微小変化を考えることになります．そのような微小変化を「変分」といい，変分が0になるというのが，最大や最小の条件になります．この変分を考える計算方法が，微分の拡張で「変分法」と呼ばれます．

こういう変分法ではいろいろ面白い問題が考えられます．例えば，「最速降下線問題」というのをヨハン・ベルヌーイ（Johann Bernoulli）が1696年に考え，変分法の起源とされています．これは，「重力の影響を受けて重りが曲線に沿って運動するとき，与えられた2点間の移動時間が最小になるような曲線を求めなさい」という問題です．穴の開いた重りが針金に通されて摩擦なしに

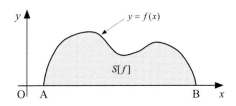

図4.9　汎関数の例（長さ一定の曲線で固まれる面積）

滑り落ちていくイメージです．そのときに，針金の形をうまく工夫して，与えられた点まで一番速く到達するような形を求めなさいというのが，この最速降下線問題です．

距離ならもちろん直線が一番短いのですけれど，一番速くはありません．重りは落ちるほど速くなりますから，速くするだけなら真下に落とせば一番速くなります．しかし，そうなるといつまでたっても目標の点に行けません．どこかで横向きに行かなければならないのですが，最短距離が一番よいとはいえないのです．これが，変分法を使うときれいに解けて，下に膨らんだ半円のような「サイクロイド」という曲線が答になります．

例えば，京都大学の時計台から東京駅までサイクロイドの形でトンネルを掘って，中の空気を抜いて全く摩擦のない環境にできれば，最初地上で止まった状態から落ちていって，一番深いところで最速になった後は減速しながら上がっていき，最後は地上に達して止まるでしょう．これが，重力だけで東京まで行く最短時間の経路だというわけです．数式を使って計算すると，所要時間はわずか 8.7 分です．実現は難しいでしょうが，このようなことが数式でわかるのは面白いと思います．

力学以外の分野でも，光が進む経路について知られている「与えられた 2 点を通る光の経路は所要時間を最小にする」という「フェルマーの原理」が，一種の変分法の問題です．屈折率が変わると，そこで曲がるというのも，このフェルマーの原理で説明できます．

あとは，3 次元空間中の曲面などでも変分法を考えることができて，「3 次元空間中の閉曲線（端のない曲線）を境界とし，表面積が最小になる曲面を求めよ」という問題もあります．この問題の答は，針金の枠にできる石けん膜の形になります．石けん膜は表面張力で表面積が最小になろうとしますから，まさにこの問題の解になるのです．これは，最初に考えた人の名前から「プラトー問題」と呼ばれます．

4.14　いろいろな問題に応用できる最適制御

ここで制御の話に戻りますと，最適制御問題では変分法を制御の問題に使い

ます．ただ，先ほどの最速降下線問題は手計算で解けますが，たいていの最適制御問題は手計算では解けません．そこで，コンピューターによる数値解法を使います．大雑把にいうと，評価関数が最小になる条件が成り立つように，コンピューターの中で何回も制御入力の関数を変えていきます．「反復法」といって，いろいろな方法が研究されています．

　コンピューターを使うと，例えば飛行機の最適上昇問題のようなものが解けます．「離陸した飛行機が高度20 kmでマッハ1（音速と同じ速さ）の水平飛行状態に最短時間で到達する飛行経路を求めよ」という最適制御問題を，現実の飛行機の特性を考慮して解いた研究があります．計算機を使って解くと，意外と複雑な経路が出てきて，パイロットにそのとおり操縦してもらうと，計算結果とほぼ同じ時間で飛べたそうです．しかも，パイロットが経験的に選んだ経路より大幅に速かったらしいのです．まさに，最適制御の効果といえます．

　ほかにも，地上から水平に離陸して宇宙へ行くスペースプレーンが，最小の燃料で上昇するにはどう飛べばよいかといった問題が最適制御問題として解かれています．これも単純にまっすぐ上昇するわけではなく，高度による空気密度の違いや地球の丸みなどを考慮して複雑な経路をとった方がよいということがわかります．ただし，実在しないスペースプレーンですので，その特性はあくまで仮定のものにすぎません．どのような特性を仮定するかで最適な経路も変わってきます．一方，事故を気にせずいろいろな条件を試せますので，今までにないものを設計するときにはとても参考になります．もともと最速降下線問題という純粋な興味を発端にして生まれた変分法が，宇宙工学にまで役立ってしまうということは，とても不思議で面白いことだと思います．

参考文献：初心者向け

石原藤夫・金子隆一：軌道エレベーター──宇宙へかける橋，早川書房，2009.
　宇宙エレベーター（軌道エレベーター）のアイデアと実現に必要な技術などをわかりやすく解説しています．
木村英紀：制御工学の考え方──産業革命は「制御」からはじまった，講談社，2002.
　制御がいろいろな産業分野でどのように使われているか，いかに重要で普遍的なものかを解説しています．
クラーク，アーサー・チャールズ（著），山高　昭（訳）：楽園の泉，早川書房，2006.

宇宙エレベーターの構造を描いた SF 小説です.

示村悦二郎：自動制御とは何か，コロナ社，1990.

制御の基本的な考え方や発展の歴史をわかりやすく解説しています.

ニーヴン，ラリィ（著），小隅　黎（訳）：リングワールド，早川書房，1978.

宇宙空間につくられた巨大なリング状構造物を舞台とした SF 小説です.

参考文献：中・上級者向け

加藤寛一郎：スペースプレーン—超高層飛行力学，東京大学出版会，1989.

スペースプレーンの力学と最適制御を論じた専門書です.

茂原正道：宇宙工学入門—衛星とロケットの誘導・制御，培風館，1994.

人工衛星の力学と制御を概説した専門書です.

茂原正道・木田　隆：宇宙工学入門〈2〉宇宙ステーションと惑星間飛行のための誘導・制御，培風館，1998.

ランデブーとドッキング，惑星間飛行の力学を概説した専門書です.

chapter 5

宇宙災害

山敷庸亮

　地球史を眺めてみると，最大の絶滅事象は地球の内部からの出来事だとされています．すなわち，シベリア洪水玄武岩による2億5000万年前のペルム紀末大絶滅事象です．ところが，地球史の中で最もよく知られた絶滅事象は，6500万年前の小惑星衝突による恐竜絶滅です．これは初めて科学界で公式に「宇宙を起源とする大災害で地球史が大きく塗り替えられた」証拠として認知された事象です．しかし，宇宙からやってくる災害は小惑星衝突だけではありません．特に私がその重要度から注目しているのは，(1) 小天体の衝突 (2) 太陽の巨大フレア (3) 太陽以外の恒星の影響 (4) ガンマ線バースト（GRB）です．本章では人類の生存を脅かす可能性のある「宇宙災害」について考えてみます．

5.1 地球上の災害と宇宙災害

　地球上に生きていて，宇宙規模の災害を心配する人は，映画好きな人くらいではないでしょうか．地球，特に日本に住んでいる人も，地震の心配はするでしょう．2011年の東日本大震災は，地震発生から8年経ったこの本を執筆している現在でも，まだ被害の爪痕を大きく残しています．また，毎年のように洪水や土砂災害が発生している今の日本では，宇宙災害など心配している余裕はないと思われるかもしれません．ところが，生命が絶滅する規模の災害を考えると，実は地震や洪水というものはその原因にすら上がらないのです．地球規模の大規模絶滅において，その原因として考えられているトップ3は，大規模火山噴火，小天体衝突，そして気候変動です．すなわち，私たちの生活を脅かす大災害だと想定されている災害においては宇宙災害はリストに上がりませ

表 5.1　様々な規模の災害と宇宙災害

災害名	被害・規模	原因	周期
ガンマ線バースト	オゾン層の破壊・大気の消失	極超新星爆発，中性子星同士の衝突	10 億年周期？
火山の破局的噴火	溶岩と火山灰により周辺部は壊滅的被害，火山性ガスによる地球規模の影響	マグマ溜まり	1 〜 100 万年
天体衝突	絶滅規模事象（ELE）	地球近傍天体	1000 万年〜 1 億年
天体衝突	地域規模		10 〜 1000 年
太陽のスーパーフレア	宇宙インフラ，オゾン層の破壊	太陽活動	1000 年に 1 度
気候変動（自然起源）	地球規模	太陽活動・温室効果ガス・地球軌道要素	1 〜 10 万年周期
気候変動（人為起源）	地球規模	温室効果ガス	？
伝染病大流行	人類全体		10 〜 1000 年周期
テロ	特定の人間	特定の人間	？
巨大地震	都市	地殻変動など	数十年周期
津波	海岸地域	海底地殻変動・天体衝突	10 〜 100 年周期
洪水	沖積平野	豪雨	数年に 1 度
AI のシンギュラリティ	人類全体	AI の進歩	？

んが，人類の命運がかかるような災害においては，トップ 3 に登場するのです．表 5.1 は人類の生存に対する自然起源，人為的起源の脅威をまとめたものです．

　地球はほかの 7 つの惑星と数千の小惑星（本巻第 1 章参照）らとともに太陽の周りを公転しています．さて，宇宙に「安泰」な大地というものがあるのでしょうか？ 実は恒星ですら「安泰」とはいえません．星は銀河系の周りをおよそ 5 万年かけて 1 周していますが，そもそも星の寿命は有限です．かつ，その巨大な銀河は，中心に太陽質量の 410 万倍のブラックホールが陣取っています．銀河が集積し，星が回るのも，中心に超巨大質量が集積しているからだといえます．もちろん，銀河の質量は見えるものだけではなく，大半が「ダークマター」であるといわれているのですが．銀河系は今から 40 億年以内で隣のアンドロメダ大星雲と「衝突」すると考えられています．衝突後クエーサーが生成し，夜空そのものが全く別のものになります．そのような中で私たちの地

102　|　5　宇宙災害

球は安泰なのでしょうか？

「宇宙」に私たちの大地，すなわち地球が存在する以上，私たちの運命は宇宙に支配されています．地球は単独ではそもそもエネルギー的にも独立しておらず，常に太陽からの放射エネルギーでバランスを成り立たせています．そして太陽系には，いつ地球軌道と交差し，衝突するかわからない，いまだ発見されていない多数の彗星が存在しています．

以下では，宇宙を起源とし，人類の生存を脅かすような宇宙災害について，具体的に見ていきましょう．

5.2　小天体の衝突

地球に衝突する可能性のある小天体は地球近傍天体（NEO：Near Earth Objects）と呼ばれます．NEO は米国の NASA や，ハーバード大学にある国際天文学連合小惑星センター（IAUMPC：International Astronomical Union Minor Planet Center），日本のスペースガード協会などが常に観察していますが，これらは主に地球近傍をほぼ円に近い軌道で公転している小惑星を対象としています．そして，その公転軌道は，多少の誤差と不確定要素はありますが，基本的に計算可能です．そのため，次に地球の軌道と交差する，あるいは接近する可能性のある天体を事前に周知し，警告することが可能です．しばらく前に 2003MN4（愛称はアポフィス）という小天体が 2030 年 4 月 13 日に地球に最接近し，衝突する可能性が指摘されました．発見されてしばらくのちに衝突確率は 1 / 4 万 5000 にまでなりましたが，その後の観測と軌道計算により，最近ではそのリスクは著しく低いとされています．

それを考えると，やっぱり地球は安泰ではないか？　と思われるかもしれませんが，必ずしもそうではありません．2018 年になって NASA は，117 年後の 2135 年 9 月 22 日に直径 500 m の巨大小惑星ベンヌが地球に衝突する可能性があると発表しました．衝突する確率は低いのですが，そのエネルギーは米国が保有する核弾頭に匹敵するとされています．私の概算では，衝突速度を 15 km / 秒と少なめに見積もっても衝突エネルギーは 7400 メガトン（10^6 t）となり，核の冬がもたらされるとされる 8000 メガトンに匹敵します．NASA は

衝突回避のための宇宙船を HAMMER と名付け，回避ミッションを開発することを宣言しました．117 年後というとずいぶん余裕があるようにも思えますが，そもそも HAMMER はコンセプトデザイン，つまり基本計画の前のデザイン段階のものです．

　それにも増して，小惑星衝突のリスク回避には以下の問題があります．まず，これらの天体の発見率が非常に低いのです．直径 138 m の小惑星は 30%以上発見されているといわれていますが，直径が 30 m 以下のものは，99%が未発見であるとされます．直径 138 m であっても，都市に直撃すれば，そのエネルギーが広島原爆の 7400 倍にものぼることを考えると，直撃された都市は消滅してしまいます．NEO の中で中規模・小規模のものも含めた集中観測をすれば解決するように思えるかもしれませんが，そんなに簡単ではありません．実際に，2002 年に 2002MN4 という NEO が地球と月の軌道の 1/3 の位置を通過しましたが，通過時は昼間で，世界中のどの観測システムでも探知できず，地球を通り過ぎて 3 日後にその「ニアミス」が確認されました．2002MN4 が都市部に落ちればその都市は崩壊していたでしょう．映画「君の名は。」（新海誠監督，2016）で描かれた糸守町の惨状は決して架空のストーリーの中だけのことではないのです．

　また最近になって，それまで考えられていたよりもはるかに多くの都市や文明が小惑星・彗星衝突の犠牲になっていたことがわかってきました．カナダ・ケベック州にあるピングアルク湖（別名 New Quebec Creater）は，直径が3.44 km，水深 267 m で，おおよそ 140 万年前に直径数百 m の隕石が数十 km /秒の速度で衝突して形成されたとされています．また，死海付近において，今から 1 万年ほど前に巨大隕石が衝突した証拠が発見されています．さらに，米国のヤンガードリアス期における巨大哺乳類の絶滅事象は，巨大隕石の衝突が原因ではないかという説もあります．2018 年 11 月には，グリーンランド氷床下に，1 万 2 千年前に形成されたであろう，直径 31 km のハイアワサクレーターが見つかったと発表されました．また，同年 11 月末には，3700 年前に中東の死海北部のミドルゴールと呼ばれる地区が，隕石か彗星衝突，もしくは上空での爆発で壊滅した可能性が指摘されました．図 5.1 はアメリカ・アリゾナ州のバリンジャークレーターの写真です．

図 5.1　アリゾナ大隕石孔（バリンジャークレーター）

図 5.2　ヘールボップ彗星（京都大学飛騨天文台）

　人類が知る中で最大のクレーターとされているものは（もちろん，後期重爆撃期と呼ばれる地球ができた直後には，小天体が大量に地球に衝突し，たくさんのクレーターができて，その後の地殻変動で痕跡がなくなっているはずなので，はっきりしたことをいうには限界がありますが），南アフリカ，ヨハネスブルグ南西約 120 km に存在するフレデフォート・ドームであるとされ，クレーター直径 190 km，最大 250 km の幅があり，約 20 億年前に直径約 10 km 前後の小惑星が衝突してできたと考えられています．その次に形成されたのが 2 番目に大きなクレーターで，カナダ・ヒューロン湖の沿岸付近にあるサドベリー・ドームであり，形成時には最大 250 km の幅があったとされ，18 億年前に直径約 10 km 前後の小惑星が衝突して形成されたと考えられています．

3番目は，6500万年前に恐竜絶滅を引き起こしたとされる，小惑星衝突によるチクシュルーブクレーターです（Sharpton *et al*., 1993; Schulte *et al*., 2010）．地球上にくまなく分布するK–Pg境界（K–T境界）と呼ばれる地層中に，隕石に大量に含まれるイリジウムという金属の含有率が非常に高かったことが確認された（Schuraytz *et al*., 1996）のがきっかけで，初めて科学界で公式に「宇宙起源の大災害で地球史が大きく塗り替えられた」証拠として認知されました．

　隕石や小惑星以上に問題なのは，彗星です（図5.2）．彗星にはそもそも，短周期のものと長周期のものがあります．短周期のものは，いつ地球に接近するか計算可能ですが，長周期のもの，特に太陽系の最外縁にあると考えられている天体群「オールトの雲」起源のものは，1度しか地球に接近しないものもあります．また，小惑星のほとんどは，地球の平均公転軌道面である黄道面に沿って，あるいはそこからあまり角度をもたずに公転していますが，彗星は，黄道面と垂直に，天の北極から突入してくるものもあります．そのような場合，相対速度が非常に大きくなり，通常の小惑星衝突のケースでは衝突速度が15〜36 km / 秒と考えられるのに対して，彗星の場合は最低でもその倍以上（72 km / 秒）を想定しなければなりません．

　小惑星と比較して彗星が危険な理由は以下のようにまとめられます．

（1）何度も地球軌道に近づく周期彗星ばかりではないため，軌道計算の困難さがあります．

（2）周期彗星であっても，木星軌道より内側，火星軌道に近づくにつれ，木星のそばを通過する際に木星の重力によって大きく軌道が乱される可能性があります．また揮発性の物質が多いため，彗星本体の物質が蒸発することによって進行方向，質量や抵抗が定まらず，軌道がずれることもあります．そのため，これら彗星の地球への接近，衝突は仮に予測できたとしてもせいぜい地球衝突の数カ月前です．数カ月前という時間は，小惑星に比較して桁違いに短く，手遅れになる確率が高いのです．

（3）極端にひしゃげた軌道（離心率の高い楕円軌道または双曲線軌道）であるため，木星軌道の内側に到達するまでほとんど発見不可能です．

（4）通常は太陽接近時に尾をまとっているために，核の大きさが定まらず，

表 5.2 小惑星・彗星衝突の破壊力

		キロトン （TNT 換算）	広島型原爆 （個相当）	テラジュール （10^{12}12J）
広島型原爆	Hiroshima Atomic Bomb	15	1	63
チェリアビンスク	Chelyabinsk	500	33	2100
ツングースカ	Tunguska	1 万 5000	100	6 万 3000
バリンジャー・クレーター	Meteor Creater	1100	76	480
核の冬	Nuclear winter	800 万	53 万	3300 万
世界の核兵器総量	World's nuclear arsenal	6000 万	400 万	2 億 5000 万
チクシュルーブ（小惑星と仮定した場合）	Chicxulub Crater (Asteroid attack)	8200 億	550 億	3400 億
チクシュルーブ（長周期彗星と仮定した場合）	Chicxulub Crater (Long term comet)	3 兆 3000 億	2200 億	1 兆 4000 万

本当の衝突による衝撃が計算できません．そのため，彗星衝突に備えようとすれば，発見から数カ月以内で確実に彗星を破壊するか，あるいは軌道を変えられる技術を有しておかなければなりません．

表 5.2 は知られている天体衝突と核兵器の威力を比べたものです．本来であれば，人類はこれら宇宙からの災害に備え，世界中が協力して「宇宙防衛」組織を編成しなければなりません．ところが人類はいまだに，仲間内での争いの方が「重大な危機」だと認識しています．愚かな状況であるといえるでしょう．

5.3 巨大太陽フレア

巨大太陽フレア（スーパーフレア）（図 5.3）については，第 1 巻第 4 章（柴田一成）にて詳しく述べられていますが，「宇宙災害」としてのインパクトから，ここで全く触れないわけにはいきません．巨大フレアは発生しえます．ただし，いつどのような？　という予測は難しいのです．仮に太陽に全エネルギーが 10^{27} ジュールの巨大フレアが発生すれば，それに伴って発生する放射線（主に陽子線）による被ばくは，飛行中の航空機中でも 3 ミリシーベルトにのぼります．宇宙船の中にいる宇宙飛行士であれば 600 ミリシーベルトの被ばくになりますが，これは明らかに健康に影響が出る値です．太陽では起こる可能

5.3 巨大太陽フレア | 107

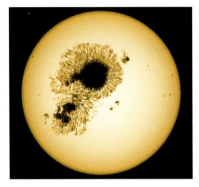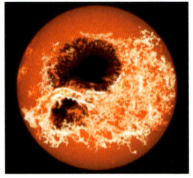

図 5.3 巨大太陽フレア（スーパーフレア）を起こした星の想像図
（左）可視光で見た場合，（右）カルシウム線で見た場合．スーパーフレアが，巨大黒点をもつことを確認できた．

性は小さいと考えられていますが，もし全エネルギーが 10^{28} ジュールものフレアが発生すれば，宇宙飛行士は一度のフレアで致死量の放射線を浴びることになるでしょう．しかもこれらの値は，地球に磁場があるために飛来する放射線量が減ることを考慮した値です．地球の磁場によるバリアの効果が小さい極地方であれば，フレアに伴う放射線被ばく量は大きくなりますから，極航路の航空機はリスクが高いともいえるでしょう．

　磁場のない火星に進出した人類はさらに危険です．火星は大気が薄いため，10^{25} ジュールのフレアでも火星表面で 38 ミリシーベルトの被ばくをするでしょう．今から何十億年も前，太陽が若かった頃は，今よりはるかに大きなフレアが発生していたと考えられ，その時期の地球の被ばく量は相当大きかったはずです．私の計算によると，若い太陽の頃には，大気上端では 1000 ミリシーベルト/年の被ばく量があったと考えられます．

　現代文明は，宇宙にある人工衛星などの人工構造物に大きく依存するようになりつつあります．しかし，これらの宇宙空間の人工物は，巨大フレアが直撃すれば，壊滅的な被害を受けます．これからは人工衛星の被災対策を考えるべきでしょう．

　また，将来人類が火星を目指すというシナリオはずいぶんと現実的になってきました．しかしながら，装甲の薄い宇宙船ではたして隣の惑星まで飛ぶこと

が可能でしょうか？ 火星上でも年間被ばく量は2000ミリシーベルトにも達するとされており，これは人間の許容被ばく量をはるかに超えています．

火星での太陽フレア，特に太陽粒子線による被ばく量の推定は，今まではその重要性がほとんど議論されてきませんでした．私たちはそれに注目し，太陽フレアの規模に応じて火星表面での被ばく量を推定するプログラムを作成しました．京都大学では米国のアリゾナ大学と連携し，人工隔離生態系「バイオスフィア2」で火星滞在を想定した学生実習「有人宇宙キャンプ」（Space Camp at Biosphere 2）を計画していますが，そこでの実習カリキュラムにも放射線被ばく量の推定が組み込まれています．これからの宇宙開発は，太陽フレアの予測とその影響評価にかかっているかもしれません．

5.4 太陽伴星（ネメシス）説

太陽系にネメシスという伴星があるという説を唱える学者がいます．図5.4のように，赤色矮星と呼ばれるような非常に暗い星が太陽から1光年程度のところに存在しているという説で，カリフォルニア大学バークレー校（およびバ

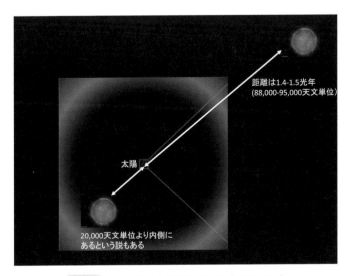

図5.4　ネメシス（太陽の仮想伴星）（NASA/JPL）

ークレーローレンス国立研究所）のリチャード・ムラー（Richard A. Muller）らによるものです（Davis *et al.*, 1984）．すでに説明したとおり，6500万年前の巨大彗星衝突によって恐竜の絶滅が引き起こされたと考えられていますが，「なぜ」この時期に彗星衝突が発生したかについて説明する理論はありません．ムラーらは，太陽の周りを2600万年の周期で一周する伴星を仮定し，その伴星の重力がオールトの雲に存在する小天体に影響を与えることで，ある周期で巨大彗星が太陽系内軌道へ集中的に飛来する現象が引き起こされると考えました．これはジャック・セプコスキー（Jack Sepkoski）らの2600万年絶滅周期説を最もよく説明したものといえます．仮定された伴星と太陽との距離はおおよそ1光年で，太陽よりはるかに小さく暗い星だとされています．

　確かに絶滅事象が2600万年という長い周期で起こるのであれば，それが天

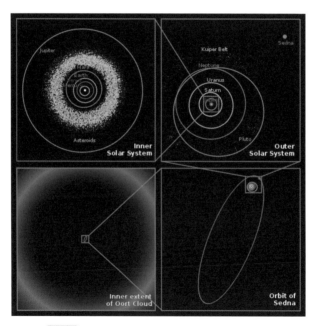

図 5.5　セドナの軌道（NASA/JPL-Caltech/R.Hurt）
太陽系内の多くの天体が円に近い楕円軌道を描いているのに対し，セドナの軌道は大きくひしゃげています．この楕円軌道が，伴星ネメシスの影響ではないか？という説があります．

体の運行が原因であると考えるのは非常に自然です．なぜなら，地球内部に2600万年などという固有の周期をもつ現象は見出しにくいからです．残念ながら今までのところ，このネメシスに相当する伴星は見つかっておらず，発見されるまでこの説は信憑性があまり高くない仮説に分類されるでしょう．ただしこれは，巨大彗星衝突が周期的にやってくることを予言しており，非常に恐ろしい仮説であるといえます．また，仮定されているネメシスの軌道から影響を受けることにより飛来するであろう彗星の数は，想像を絶するほど多いと思われます．

　この説の問題点は，ネメシスそのものが発見されていないことです．しかし，例えばセドナと呼ばれる太陽系外縁天体は極端にひしゃげた楕円軌道をとっていることが知られていますが，その理由は伴星ネメシスの重力のためと考える説もあります（図5.5）．現在，太陽近傍の暗い恒星の探査が進んでいますが，もしかすると，現在太陽に最も近い恒星とされているアルファケンタウリよりも近い伴星の存在が将来明らかになるかもしれません．

5.5　ガンマ線バースト

　ガンマ線バースト（GRB：gamma ray burst）は，ほぼ毎日どこかの銀河で必ず発生しています．銀河の数が，およそ数千億あるといわれているので，そのような確率でも私たちの天の川銀河ではなかなか発生しませんが，仮に天の川銀河内部でGRBが発生すれば，地球にとっては致命的となる可能性があります．地球から数光年で発生すれば，地球は完全に焼け焦げると考えられます．8000光年先で発生しただけで，致命的な影響をもたらすでしょう．

　GRBを初めて発見したのは，実は天文学者ではなく，米国の核実験監視衛星ヴェラでした．当初ヴェラは，核実験（核分裂・核融合とも）の証拠としてのガンマ線を宇宙空間から監視する目的で設置されていました．そこで，強烈なガンマ線が1967年以降何度か観測され，最初はソ連の核実験が疑われましたが，核実験の証拠がなく，その発生源は謎に包まれていました．その後，どうやらガンマ線は地上ではなく宇宙空間から届いていることがわかったのです．

5.5　ガンマ線バースト　│　111

ガンマ線の到達が明らかになったため，次にその発生源が議論となりました．当初，通常の天体現象ではガンマ線の大量発生はないと考えられていたため，発生源が全く予想できず，「宇宙人たちの戦争」であるという説も真面目に議論されたといわれています．その後も，ガンマ線は一日に 2，3 回，年間で 1000 回程度検出されています．当時のガンマ線検出器は指向性の精度が非常に悪く，ガンマ線の飛来はわかっても，その方向はおおよその見当しかつかないものでした．また，GRB は短いものでは 2 秒以下，長いものでも 10 秒前後，非常に長いものでも 30 秒から数分であり，その間にガンマ線発生源の天体に望遠鏡を向けることがほぼ不可能であったため，発生源の特定は非常に困難でした．そのため，最初は近傍の星で発生しているのか，あるいは銀河のかなたで発生しているのかが議論となりました．

　まずヴェラやその他のデータを集めて，全天マッピングが行われました．これは正確な場所ではなく，おおよその場所が解析できるレベルのものでしたが，それによって，ガンマ線の発生源が天の川に集中しておらず，全天に一様に分布していることが明らかになりました．仮に天の川銀河内部の天体が発生源であれば，天の川の中心や，少なくとも天の川銀河の円盤方向に発生が集中するはずです．これの意味するところは，「GRB は銀河系外から来ている」ということです．すなわち，今まで多数発見されている超新星爆発と同様，外の銀河で発生している可能性が高いことが明らかになりました．つまりとてつもなく遠いところから来ているということです．

　最も近くの銀河でも 10 数万光年離れており，アンドロメダ銀河は 230 万光年，おとめ座銀河団の距離は平均数千万光年です．もっと遠くの銀河は数十億光年のものもあります．これほど遠くで発生したガンマ線が地球で検出されるためには，そのエネルギーがとてつもなく大きいことを意味しています．典型的な GRB のエネルギーは $10^{44 \sim 47}$ ジュールといわれており，これは太陽の質量エネルギー（10^{47} ジュール）に匹敵します．すなわち，GRB は，太陽の質量が全てエネルギーに変わってそれが一瞬で放出されるような現象で，いわば反物質でできた反太陽が太陽と接触し，対消滅して全てがエネルギーに変わったような規模の爆発であるといえます．

　現在の理解では GRB にも 2 種類あり，継続時間の長い GRB（long GRB）は

ブラックホール発生を伴う超新星爆発に由来するとされています．一方，継続時間の短い GRB（short GRB）は長年その発生源は謎でしたが，中性子星の合体によって発生することが明らかになりつつあります．

　GRB が実際に発生すると，どのような被害がもたらされるのでしょうか？図 5.6 は地球からの距離によってどのような被害があるかをまとめたものです．数光年以内で発生すれば，地球は半分以上焦げるとされます．1000 光年の距離ですでに被害が発生，100 光年以内であると，オゾン層に深刻なダメージを受けるとされます．通常は，宇宙で発生したガンマ線は電離層とオゾン層のおかげで地球に到達しません．しかし GRB の強烈なガンマ線を受けると，これらの遮蔽層が完全に破壊される可能性があります．仮に GRB で生命が生

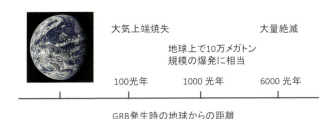

図 5.6　ガンマ線バーストとその影響

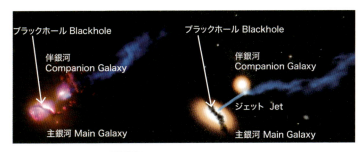

図 5.7　デス・スター銀河 3C321
左は NASA の 2 つの宇宙望遠鏡（Hubble, Chandra）で撮影された X 線，可視光線，紫外線（UV）による 3C321 の合成図（NASA, ESA, D. Evans から作図）．右図はアーティストにより描かれた解説画（NASA, CXC, M. Weiss から作図）．主銀河の中心に存在するであろうブラックホールから約 2 万光年離れた位置にある伴銀河の端を直撃しており，ジェットの総延長は 85 万光年にも及びます．

き延びたとしても，破壊された遮蔽層のために太陽からの有害放射線（UVC，あるいは XUV，EUV）によって生物が深刻なダメージを受けると考えられます．

　GRB によって生物の大量絶滅が起きたという説を提唱している人物がいます．カンザス大学のブルース・リーバーマン（Bruce S. Lieberman）らのグループは，オルドビス紀末の大絶滅は，特に三葉虫の大絶滅で特徴付けられていますが，それは当時 GRB のようなものが発生し，海表面近くにまで有害な紫外線が到達するようになったことによって，海の表層で幼生を迎える多くの生物層が死に絶えたためだと考えています（Melott *et al.*, 2004）．

　さて，現在 GRB による潜在的リスクを議論する必要があるでしょうか？答は「イエス」とも「ノー」ともいいきれません．「イエス」といいきれない理由は，GRB が銀河系内で発生する確率は非常に低いと考えられていることによります．一般的には数十億年に 1 度とされていますので，さすがに今直近の問題として考えることに無理があります．ところが，それは long GRB で，中性子星の合体による short GRB はそれよりはるかに頻発する（100 万年に 10回ほど）と考えられています．そうすると地球の生物が GRB に遭遇する可能性はもっと高いということになります．

　では，身近に GRB を起こしそうな天体はあるのでしょうか？ちょうど8000 光年彼方の WR104 という天体は，渦巻き状のガス円盤をもつ連星で，あと数十万年以内に超新星爆発，ひいては GRB を起こしてもおかしくないと考えられています．仮に WR104 が GRB を起こした場合，地球になんらかの被害が起こるでしょうか？いくつかの点を検討せねばなりません．まず，地球に被害が及ぶには WR104 の回転軸が地球に向いていることが必要です．GRBは主に回転軸の方向にガンマ線を出すと考えられているためです．今のところ地球の方を向いていると考えられていますが，実際はわずかにずれている可能性も指摘されています．また，8000 光年という距離は微妙な距離で，地球にどれほどの影響があるかどうかは詳しい調査が必要です．

　このほかに超新星爆発を起こしそうな星としてよく知られているのが，例えばオリオン座のベテルギウスです．この星はあと数十万年以内には必ず超新星爆発を起こすといわれています．ベテルギウスは直接撮像されている数少ない

恒星ですが，幸いなことにその回転軸は地球を向いておらず，もし超新星爆発を起こしても GRB が地球を直撃する危険性はないそうです．これは，科学者たちがベテルギウスの爆発によって GRB が発生し地球が危機に陥る可能性について真剣に議論して出した結論であり，たぶん「安心」ではないかという暫定的結論が得られた状態であることを認識しなければなりません．決して初めからベテルギウスは大丈夫だとわかっていたわけではないのです．

　はたして GRB で人類が滅ぶ危険性はあるのでしょうか？　私は大変低いと思っていますが，決して完全に安心しているわけではありません．なぜなら，GRB は光の速度で地球に到達するため，その兆候がわかったときにはすでにガンマ線の直撃を受けているからです．もちろん目には見えませんが，直撃されたらたまったものではないでしょう．

　宇宙にはまた，デス・スター銀河と呼ばれる 3C321 銀河群（図 5.7）のように，主銀河の中心の巨大ブラックホールから出るジェットにさらされている伴銀河の恒星群が存在します．ジェットは 2 万光年の距離を経て主銀河から伴銀河に照射されていますが，その痕跡が 85 万光年も流れています．伴銀河でジェット照射を受ける位置の恒星を周回する惑星は，常に主銀河から出る強い放射線にさらされており，おそらく（地球型）生命が存在するのは困難でしょう．私たちの銀河はそれに比べると安泰であり，天の川銀河に住んでいられることを幸せと考えなければなりません．

引用文献

Davis, Marc *et al*.: Extinction of species by periodic comet showers. *Nature*, **308**: 715–717, 1984.

Melott, Adrian Lewis *et al*.: Did a gamma-ray burst initiate the late Ordovician mass extinction?. *International Journal of Astrobiology*, **3**（1）: 55–61, 2004.

NASA：*'Death Star' Galaxy Black Hole Fires at Neighboring Galaxy*, Chandra NASA announcement, 2007. https://www.nasa.gov/mission_pages/chandra/news/07-139.html

Robock, Alan *et al*.: Did the Toba volcanic eruption of 74 ka B.P. produce widespread glaciation?. *Journal of Geophysical Research*, **114**（D10107）, 2009.

Sharpton, Virgil, L. *et al*.: New links between the Chicxulub impact structure and the Cretaceous/Tertiary boundary. *Nature*, **359**: 819–821, 1992.

Shea, Margaret A. *et al*.: Solar proton events for 450 years: The Carrington event in perspective. *Advances in Space Research*, **38** (2) : 232–238, 2006.

Schulte, Peter *et al*.: The Chicxulub Asteroid Impact and Mass Extinction at the Cretaceous-Paleogene Boundary. *Science*, **327** (5970) : 1214–1218, 2010.

Schuraytz, Benjamin C. *et al*.: Iridium Metal in Chicxulub Impact Melt: Forensic Chemistry on the K-T Smoking Gun, *Science*, **271** (5255) : 1573–1576, 1996.

Turco, Richard Peter *et al*.: An analysis of the physical, chemical, optical, and historical impacts of the 1908 Tunguska meteor fall. *Icarus*, **50** (1) : 1–52, 1982.

参考文献

柴田一成：太陽大異変. 朝日新書. 朝日新聞出版, 2013.
　超巨大フレア（スーパーフレア）の発生頻度や太陽で発生した場合の地球への影響を日本語でわかりやすく解説しています.

chapter 6

人が宇宙へ行く意味

呉羽 真

　人が宇宙へ行く「有人宇宙活動」には，人類にとって重要な意味がある，としばしばいわれます．しかし，それが社会にどんな利益をもたらすかは不明確であり，また巨額のコスト（費用）がかかり，人命を危険にさらす，といったデメリットもあります．そこで本章では，哲学の観点から，「人は何のために宇宙へ行くのか？」，そして「そもそも宇宙へ行くべきなのか？」という問について考えます．まず，有人宇宙活動を通した宇宙進出を人類の「運命」や「使命」と見なす議論に大きな問題点があることを指摘します．それから，巨額のコストや人命のリスクといった有人宇宙活動のデメリットが，「人は宇宙へ行くべきなのか」を考える上でどうして深刻な問題になるのかを説明します．最後に，有人宇宙活動のメリットとして人間の文化への影響を挙げて，改めて今後の有人宇宙活動の進め方について考えます．

6.1　なぜ有人宇宙活動は哲学の問題になるのか

　宇宙開発の様々な事業には，大まかに分けると，無人の人工衛星や宇宙探査機によって行われるものと，宇宙飛行士や宇宙旅行者が実際に宇宙へ行くものがあり，後者は「有人宇宙活動」と呼ばれます．本章では，有人宇宙活動を通して人類が宇宙へ進出していくことの意味について，哲学の観点から論じます．

　有人宇宙活動は，ソ連のユーリー・ガガーリンによる宇宙飛行に始まり，米国のアポロ計画による月面着陸で頂点を迎えました．その後も引き続き米国のスペースシャトル計画やソ連のミール計画が実施され，現在は国際宇宙ステーション（ISS）計画や中国による独自の宇宙ステーション計画が行われていま

す．将来計画としては，NASA や JAXA などの各国宇宙機関からなる国際宇宙探査協働グループが，ISS 計画の終了後，月軌道上での宇宙ステーションの建造を経て，有人月面探査を実施する，という内容のロードマップ（ISECG, 2018）を発表しています．日本政府も 2025 年以降に国際的な有人月面探査計画に参加するという方針を表明しています．この計画が実現すれば，アポロ計画の終了から 50 年以上の歳月を経て，再び人間が地球以外の天体に到達することになります．さらにその先には，人類がいまだ到達したことのない火星への挑戦が行われることになるでしょう．

また，宇宙開発は，米国とソ連の宇宙開発競争以来，主に国家による公的事業として行われてきましたが，近頃では民間企業や民間団体が続々と参入しています．この過程で，人工衛星を用いたビジネスなどに加えて，宇宙旅行のような有人宇宙活動も実施，計画されています．すでに ISS に 10 日間ほど滞在する宇宙旅行サービスがスペース・アドベンチャーズ社によって実施され，これまでに 7 人の民間人が利用しました．ヴァージン・ギャラクティック社は数分間の無重力体験を味わう弾道宇宙旅行を計画していますし[1]，ビゲロー・エアロスペース社は商業宇宙ステーションを建造して宇宙ホテルとして利用する計画を立てています．さらに，スペース X 社を設立して宇宙ビジネスに参入したイーロン・マスク（Elon R. Musk）は，人類を複数の惑星に住む種にすることを目標に掲げて，火星に人を送り込むことを計画しています．このほかに，マーズ・ワンという民間非営利団体が，帰りの手段を用意することなく火星に人を送り込む「片道切符」の火星移住計画を 2020 年代にも実施すると発表して，一時期話題になっていました．

有人宇宙活動は，これまでもこれからも，宇宙開発の諸事業の中でもひときわ注目を集める「目玉」だといえます．しかし，人が宇宙へ行くことで社会にとってどんな利益がもたらされるかは不明確です．それに比べて，気象衛星「ひまわり」や測位衛星システム（米国の GPS や日本の「みちびき」）のような

---

[1] ヴァージン・ギャラクティック社は，2018 年に，有人宇宙船で高度 80 km 以上に達する試験飛行を成功させました．これは，米国の空軍や NASA が採用する「宇宙空間」の定義では，宇宙飛行に成功したことになります．ただし国際的には，高度 100 km 以上を「宇宙」とする定義の方が標準的です．

無人の人工衛星は人々の生活を便利で豊かなものにしてくれますし，はやぶさのような無人探査機は有人宇宙活動よりもずっと安い費用で宇宙に関する科学的知識をもたらしてくれます．有人宇宙活動には巨額の費用がかかるのですが，それにかかるお金を地球上の問題に使えば多くの人の生活の助けになるでしょう．また，有人宇宙活動は，それに参加する人の身を危険にさらします．加えて，ロボット技術が今後も発展していくとするなら，宇宙空間で行われる作業もロボットによって人間なしに行えるようになっていくでしょう．そうなったときに，なぜ巨額の費用を費やし，人命を危険にさらしてまで，人が宇宙へ行く必要があるのでしょうか？　人が宇宙へ行く意味とはなんなのでしょうか？

　この問は哲学の問題に属します．なぜかというと，科学が事実を扱う学問であるのに対し，哲学（特にその一分野である倫理学）は価値を扱う学問であり，ここでいわれている「意味」とは価値の一種だと考えられるからです[2]（第1巻第6章（伊勢田哲治）参照）．ただしこの際，注意してほしいことがあります．哲学に対してはしばしば，筋違いな期待が寄せられます．例えば，人が宇宙に行くことが正しいと決めつけた上で有人宇宙活動の意義を教えてくれ，と哲学者に頼んでくる人々がいます．しかし，哲学も科学と同じく学問である以上，あらかじめ答を決めた上で理由をでっちあげることなどしてはなりません．さらに，わかっておいてほしいのは，哲学者とて価値観の専門家ではなく，どんな価値観が優れているかを教えることはできない，ということです．むしろ，世の中には様々な価値観があることを踏まえて，それらの価値観を専門的な概念を用いて体系的に説明することや，特定の価値観に基づいてなんらかの行為の正当化を図る議論が論理的に正しいかを検討すること，そして異なる価値観同士が衝突したときにどのように調停すればよいかを考えることが，哲学者の仕事になります．以上の点を念頭に置いてもらった上で，哲学の観点から人が宇宙へ行く意味はどのように論じられるかを解説していきましょう．

---

[2]　「倫理学」は道徳的価値を扱う哲学の一分野ですが，そのほかにも美的価値を扱う「美学」などの哲学分野があります．注7も参照してください．

6.2 宇宙進出の意義

　有人宇宙活動は，人類の存在範囲を拡大させ，本格的な宇宙進出を可能にするものです．しかし，なぜ人類は宇宙に進出していくべきなのでしょうか？本節では，有人宇宙活動を支持する立場からの代表的な議論として，宇宙進出は人類の運命であるという論法と，宇宙進出は人類の存続のために必要であるという論法を検討します．

● 6.2.1　宇宙進出は人類の運命か？

　有人宇宙活動を通して人類が宇宙に進出していくべきだと考える人々は，しばしば宇宙進出は人類の運命である，と主張します．例えば，ロケットの原理を考案し，「宇宙旅行の父」と呼ばれるコンスタンチン・ツィオルコフスキー（Konstantin E. Tsiolkovsky）は，よく知られているように，「地球は人類の揺籠（ゆり）である．しかし人類は揺籠にいつまでもとどまっていないだろう」という言葉を残しました．この言葉には，人間にとっていつか地球を離れていくことは避けがたいことだ，という運命論的な考え方が含まれています（余談ですが，ツィオルコフスキーがこのような考え方を抱いた背景には「ロシア・コスミズム」という宗教的・哲学的思想の影響があったといわれています．ロシア・コスミズムについては 6.4 節で詳しく述べます）．

　このような運命論的な考え方に基づいて有人宇宙活動を支持する論法には，いくつかのバージョンがあります．その中でも代表的なのは，未知の世界を探検したいという衝動は人間が生まれもった本能，あるいは人間に共通する本質であり，この衝動を発揮するために「最後のフロンティア」と呼ばれる宇宙を探検することが不可欠だ，とするものです．最近では，こういった宇宙進出に関する運命論的な考え方に，生物学的な裏付けがある，と考える人たちがいます（後で詳しく説明しますが，あらかじめ言っておくと，これは間違った考え方です）．こういう人たちがよく引き合いに出すのが，俗に「冒険遺伝子」と呼ばれる遺伝子 DRD4-7R です．これは DRD4 というドーパミン受容体の遺伝子の変種の一つで，約 20％ の人がもっているといわれます．これをもつ人は，

120 ｜ 6　人が宇宙へ行く意味

落ち着きがなく好奇心旺盛で，危険を冒したがる傾向があるとされています（ドブス，2012）．この遺伝子があるために，人類は宇宙という未知のフロンティアを目の前にして，それを探検しようとせずにはいられないのだ，と宇宙進出を支持する人々はしばしば主張します．

　この論法は，「遺伝子」を引き合いに出すことで，探検衝動というあやふやなものに科学的な裏付けを与えているように見えるかもしれません．しかしこの印象は錯覚です．この論法にはいくつもの間違いが含まれています．

　まず，探検衝動のような複雑な行動特性（生物学ではこういった生物の特性を「形質」と呼びます）が，DRD4-7R のようなたった 1 つの遺伝子によって実現されているというのは，遺伝学的にありそうにないことです．生物の遺伝子とその行動特性の関係はとても複雑で，単純な一対一対応などはまず成り立ちません．それから，私たちの行動が生まれもった遺伝子によって決められてしまっているというのは，「遺伝的決定論」という，完全に間違った考え方です．私たちの行動パターンは，遺伝的要因だけでなく，その他の生物学的要因や環境要因が複雑に絡み合って生み出されるものです．遺伝子がそれを支配するなどということは決してありません．要するに，冒険遺伝子を引き合いに出して人類の宇宙進出を正当化しようとする論法は，一種の「疑似科学」，つまり科学ではないのに科学のふりをした偽物です（なお，哲学などの人文学も科学とは別種の営みですが，科学のふりをしていませんので，疑似科学とは呼べません．むしろ，人文学の諸分野はそれぞれに，科学とは異なった仕方で学問としての質を保証する基準を備えています）．

　冒険遺伝子のことはさておき，探検衝動は人間の本能あるいは本質であるという主張そのものはどうでしょうか．確かに，人間が地球上のほとんどあらゆる地域に生息していることは，ほかの生物に見られないユニークな特徴です[3]．このような広範囲への拡散を可能にした要因として，直立二足歩行が可

3）宇宙進出に関する運命論的な論法の一つに，生物は生息範囲を広げていく傾向をもち，宇宙進出は進化の必然だ，というものがありますが，人類（ホモ・サピエンス）が地球全体に拡散しているという点でユニークな生物である，という本文中で述べた事実は，この論法への反証になります．ダーウィンの進化論によれば生物進化とは単線的な進歩ではなく枝分かれであり，ホモ・サピエンスは進化の頂点ではなくその枝の一つにすぎません．ほかの枝である人間以外の生物は人間のように拡散してはいないのですから，生息範囲の拡大は進化の必然などではありません．

6.2　宇宙進出の意義 ｜ 121

能にした高い機動力や，技術を用いてなじみのない環境に順応してしまう高い適応力などと並んで，未知の世界の探検を好む好奇心があったのではないか，といわれています（鈴木, 2013）．

　しかし，探検を好むことを人間に共通する「本質」だなどというのは乱暴な決めつけです．Xの「本質」というのは，何かがXであるために必ずもたなければならない特徴を指します．未知の世界への好奇心には個人差が大きいといわれており（鈴木, 2013），探検衝動をもたない人々も大勢います（かくいう私もそうで，なじみのない場所を出歩くよりは家で本でも読んでいる方がよほど楽しいです）．これまで人類が生息範囲を広げてきた際にも，探検を好む一部の人々が未開の土地を切り開いてきた一方で，その他の多数の人は慣れ親しんだ土地にとどまっていたと考えられます．これらの探検を好まない人は，人間ではない，あるいは人間性に乏しいのでしょうか？　そんなわけがありません．一部の人々だけがもつ探検衝動を人間に共通する普遍的本質と見誤ってはなりません．

　また，探検衝動は人間が生まれもった「本能」であるという主張も，有人宇宙活動の正当化根拠としては複数の問題を孕んでいます．第1に，「本能」という言葉は意味が曖昧であり，そのために怪しげな主張を正当化する目的で都合よく使われてしまう，という難点があります．例えば，人間には自分と外見の異なる相手を嫌悪する「本能」があるといって，他人を外見で差別することを正当化しようとする人々がいます．「本能」という言葉の指すものが曖昧であるため，本当にそんな本能があるかどうかはわかりません．さらに，これが第2の難点ですが，仮に悲しいことにそんな「本能」があったとしても，だからといって他人を外見で差別してよいことにはなりません．この点を，生物学の専門家は次のように説明しています．

　　「私たちが空を飛べないのは生物学的事実ですが，だからと言って，私たちは空を飛んではいけないという判断が自動的に導かれるわけではありません．科学が何を明らかにするにせよ，何をするべきかは，別に慎重に検討せねばならないでしょう（長谷川・長谷川, pp.10–11, 2000）．」

つまり，人間がどんな生物なのかに関する科学的事実から，人間がどう振る舞うべきかに関する倫理的規範を直接的に導き出すことはできないのです．

以上のように，宇宙進出に関する運命論的な考え方には，確固とした根拠がありません．それは，生物学的事実に関する誤解，そして生物学と倫理学の関係に関する誤解に基づいています．しかし，この考え方の問題点は，それだけではありません．「運命」という言葉は，不可避であり，選択の余地がないという意味合いを伴います．私たちは自ら選択可能な行為に対しては責任を負いますが，選べないことに対しては責任を負いません．もし宇宙進出が人類の運命であるとするならば，人類が宇宙へ出ていくかどうかを選ぶ余地はないことになります．これでは，なんのために宇宙へ出ていくのか説明することや，宇宙へ行くことと引き換えに生じる結果を引き受けることを回避するような，無責任な態度につながります．

　ここまでの考察の結論をいうと，宇宙進出は人類の運命などでは全くありません．それは（実現するとしたら）人間の意志に基づく行為です．私たちは地球を飛び出して宇宙へ出ていくことも，地球にとどまり続けることもでき，もし宇宙へ出ていくならばその行為に対する責任を負うことになるのです．だからこそ，有人宇宙活動を通して宇宙に進出していくべきだと主張するならば，そのことがもつメリットとデメリットを見極めた上で，なんのために宇宙へ出ていくべきなのかをしっかり説明できなければなりません．

● 6.2.2　宇宙進出と人類の存続

　あるいは，宇宙進出を人類の運命と呼ぶ人々は，単に人類が宇宙に出ていくのは不可避だ，というのではなく，ある重要な目的のために人類は宇宙に出ていかなくてはならない，ということを意図しているのかもしれません．この場合，宇宙進出は人類の「運命」というより，「使命」といったほうが適切でしょう．

　では，宇宙進出の「重要な目的」とはなんでしょうか．かつては，人口問題の解決がよく挙げられました．地球上の人口は爆発的なペースで増え続けており，このままでは今世紀中にも地球で生活できる容量を超えてしまいます．そこで，宇宙空間に人工の居住施設（「スペース・コロニー」）を建造したり，地球以外の惑星を居住可能なものに改造（「テラフォーミング」）したりして，地球に収容できない人々を宇宙に住ませよう，というわけです．しかし，この方

法は人口問題の解決策としては焼け石に水であることが知られています。現在の増加ペースで人口がこれ以上増えないようにするためには，6人乗りのスペースシャトルを3秒に1回打ち上げなければならないことになってしまうのです。これは途方もなく難しいことであり，今では宇宙進出が人口問題の解決策になるという研究者は誰もいません。

同じく古くから宇宙進出の「重要な目的」として挙げられており，なおかつ現在でもよく言及されるものは，人類の存続です。人類が地球というたった一つの惑星にとどまっている限り，巨大天体衝突などの自然災害によっていつか唐突に絶滅してしまう可能性があります。実際に恐竜は6500万年前に巨大天体衝突のせいで絶滅したといわれていますし（本巻第5章参照），このときを含めて地球上の生命は過去に5度の大絶滅を経験したと考えられています。また，もっとありそうなのは，核戦争やバイオテロリズム（人間に有害な病原体を用いたテロ行為）といった人為災害によって人類が自らを滅ぼしてしまう可能性です。そこで，宇宙に進出し，複数の惑星に分かれて住むことで，いわば地球という生存圏の「バックアップ」をつくっておこう，という発想が出てきます。この論法は，人類が今後も絶滅することなく存続していこうと思うなら，宇宙へ進出していくことが不可欠であり，このために有人宇宙活動を行わねばならない，という形をとります[4]。

この論法について私は別の論文（呉羽，2017a）で詳しく検討していますが，倫理学の観点から見ると，宇宙進出を通した人類の存続という目的にどの程度の優先度が認められるか，それがいま地球上で苦しんでいる人々を救うことに優先するほど重要な目的なのか，という点については，疑問の余地があります。個々の人間を超えた人類という種の価値や，まだ生まれていない将来世代の生命の価値をどう見積もるかについては倫理学者の間でも意見が分かれるのですが（シンガー，2015），特にここで問題になるのは，宇宙進出が実現した

---

[4] 人類の存続のために宇宙進出すべきだという論法の由来は古く，ツィオルコフスキーに影響を与えたロシア・コスミズムの思想家ニコライ・フョードロフ（Nikolai F. Fyodorov）にもすでに見られます。彼は次のように述べました。「地球の運命を考えると，人間の活動は地球という惑星の枠内に限定されるべきではない，と考えざるをえない。わたしたちは自分に問いかけなければならない。地球を待ち受けている運命を知り，地球の終わりが避けられないことを知ったわたしたちには，何らかの義務が生じるのではないかと」（セミョーノヴァ・ガーチェヴァ，p.109, 1997）。

としても結局宇宙へ行けるのは少数の，それも富や力をもった人たちだけだ，という事実です．核兵器の廃絶といった地球上での絶滅回避手段では，「人類」を構成する全員の生命がそこにかかってくるのですが，これとは異なり，宇宙進出という絶滅回避手段では，それが成功したとしても結局助かるのは運よく宇宙へ脱出できた少数の人だけで，地球に残った多数の人は破滅に直面することになるのです．そうだとすれば，地球上の問題を差し置いてまでそれに資金や労力を費やすのは正しいことなのでしょうか．「人類の存続」が個々人の救済に結びつかず，むしろ対立することすらありうるとすれば，それは私たちの究極目的とはなりえない，というのが私の考えです．

　以上で述べたのはあくまで私個人の考え方にすぎません．倫理学的に真っ当な考え方だと信じていますが，哲学者の中にも違う考え方をもつ人はいます[5]．いずれにしても，「人類の存続」のような派手な大義名分を掲げても，宇宙進出を正当化する決定的な論拠には必ずしもならない，ということは心にとどめておいてください．

6.3　有人宇宙活動のデメリット

　本章のトピックは人が宇宙へ行くことの意味ですが，それと表裏一体の関係にあるのが，人が宇宙へ行くことでもたらされるデメリットです．6.2.1 項で述べたように，有人宇宙活動を推進することを正当化したければ，そのデメリットも見極めておかなければなりません．本節では，こうしたデメリットとしてコストおよび生命と健康のリスクの 2 つを取り上げ，それらが哲学の観点からどう捉えられるかを解説します[6]．

---

5)　例えば宇宙倫理学の代表的研究者であるジェームズ・シュワルツ（James S. J. Schwartz）（Schwartz, 2011）やトニー・ミリガン（Tony Milligan）（Milligan, 2015）は，人類を存続させる義務に基づいて有人宇宙探査を擁護する論法を提示しています．

6)　このほかに，有人宇宙活動のデメリットには，地球およびほかの天体の環境汚染のリスクがあります．特に，火星のような生命の存在する可能性のある天体に人が行く際に，地球由来の微生物をその天体に持ち込んでしまうことが懸念されています．詳しく知りたい人は，呉羽（2017b）を読んでみてください．

● 6.3.1 コストの問題

　有人宇宙活動のデメリットの一つはコスト，つまり費用です．これは特に，宇宙開発が国家を主体とする公的事業として行われる場合に問題になります．実際に，米国とソ連の宇宙開発競争以来，有人宇宙活動はこれまでほぼ常に公的事業として推進されてきました．公的事業の費用は公的資金によって賄われますが，その出所は市民の支払う税金です．そして宇宙開発，特に有人宇宙活動は，科学技術分野の中でもとりわけ莫大な費用がかかる事業です．ただでさえ宇宙へ物体を打ち上げるのにはお金がかかる上に，有人宇宙活動の場合，人間が宇宙空間で生きていけるようにするために大量の物資や装置を宇宙船に積み込まなければならないからです．アポロ計画やISS計画のような大型有人プログラムの費用は（現在の換算で）総額1000億ドル以上に達しました．有人火星探査計画を実施するにはそれを上回るコストがかかるといわれています．

　人が宇宙へ行く意味という壮大で夢のある問題について議論しているときに，お金などという俗っぽく夢のない話題が出てくることに，がっかりする人もいるでしょう．しかし，このお金の問題は，国家の目的という政治哲学の根本問題，特にそこにおける個人の自由の位置付けという問題に関わるものなのです[7]．そして，夢を持ち出すことは，公的事業として有人宇宙活動を行っていくことを正当化する上で，うまいやり方ではありません．以下で，その理由を説明しましょう．

　宇宙開発はしばしば「夢」という言葉とともに語られます．例えば，日本の宇宙開発利用の基本理念等を定めた「宇宙基本法」（2008年制定）の第5条には，「宇宙開発利用は（中略）人類の宇宙への夢の実現及び人類社会の発展に資するよう行われなければならない」と述べられています．そして，宇宙開発の中でも有人宇宙活動は，とりわけ夢のある事業だとされています．例えば，有人宇宙活動には子どもたちに科学技術への夢を抱かせるという教育的効果があるとしばしばいわれます．これはやはり，未知の世界を探検したい，という好奇心をもつ人が一定の割合でいるためかもしれません．

---

[7] 6.3節で議論の土台となる「政治哲学」は，国家と個人の関係という観点から人の生き方を扱う哲学分野であり，人の生き方を扱う分野という広い意味での倫理学の一分野とも見なせます．

しかし，夢は個人で見るものではないでしょうか？　確かに自分の夢の実現に他人が力を貸してくれればありがたいでしょうが，国家がそれを国民に強制すれば，自分も他人の夢の実現に力を貸さなければならなくなってしまいます．他人に夢を押し付けられるような不自由な社会は，それこそ悪夢のような社会ではないでしょうか[8]？　問題はこうです．どんな夢を抱くかは「善い生き方とは何か」に関する個人の価値観に依存しますが，夢を理由に公的事業として有人宇宙探査を行うならば，国家がその価値観を共有していない国民にも支援を強制することになってしまいます．これは，自由の侵害と見なせます．

　個人の自由を尊重する立場を政治哲学では「リベラリズム」と呼びますが，この立場では，国家の目的は，人々が自分の考える善い生き方を自由に追求できるようにすることであり，国家は善い生き方とは何かに関する特定の価値観を優遇してはならない，とされます．他者に悪影響を及ぼしうる場合（特にその権利を侵害しうる場合）は例外ですが，基本的に国家は個人の自由に干渉しないことが原則となります．リベラリズムは現代の政治哲学で大きな支持を得ていますが，それには2つの理由があります．一つは「価値の多元性」，すなわち，善い生き方とは何かに関する考え方は人それぞれであり，無理に統一しようとしてもうまくいかない，という事実です．このため，西洋諸国は近代以降，異なる価値観をもった人々が共存する枠組みとして，リベラリズムを採用するようになったのです．もう一つは「個人の自律性」，すなわち，人間には自分の生き方を選択できる能力がある，という人間観です．確かに本人が選択を間違うこともありますが，ほかの誰かが本人よりも正しく選択できるはずだと考えるのは傲慢です．このような人間観が近代に確立すると，国家といえども個人の選択の自由を尊重しなければならない，という考え方が支配的になったのです．

　さて，もう一度，夢を持ち出すことの問題点について考えてみましょう．ジャーナリストの立花隆は，あるシンポジウムで，日本が（中国がそうしている

---

8) 差別の撤廃や平和の実現といった目的は，社会全体あるいは人類全体の夢とするに足るものですが，国家がそれに取り組まなければならないのは，誰かがそれを夢見るからではなく，それが人権を保証するという国家の最重要責務に属するからです．これらの目的は，「善い生き方とは何か」に関する個人の価値観に依存してはいません．

ように）独自の有人宇宙活動を行っていくことに対して反対を表明したところ，宇宙飛行士たちから反論を受けたそうです．その際，宇宙飛行士たちの中には，自分の家の家計を引き合いに出しながら，経済状態が苦しくても子どもたちに夢を与えられることには金を惜しむべきではない，と述べた人もいたそうです（立花，2014）．しかし，公的事業として有人宇宙活動を推進するべきかどうか，という極めて政治的な問題に対して，自分の家庭内で使われているような論理で答えてしまうのは，問題の本質をまったく捉えそこなっているといわざるをえません．社会とは多種多様な価値観を抱いた赤の他人同士が共存する空間です．夢の実現などは個人の価値観の問題であり，自由の尊重という観点から見れば国家が介入してよい問題ではありません．重要なのは，多様な価値観をもった社会の成員の誰もが享受しうるような価値が有人宇宙活動にあるか，そしてそれに国家が行うべき事業としてどの程度の優先度が認められるか，という点です．これらの点で有人宇宙活動は分が悪いと考える人が多いのです．

● 6.3.2　生命と健康のリスクの問題

有人宇宙活動のもう一つのデメリットは，生命や健康のリスクです．これは宇宙開発が公的事業として行われる場合と民間事業として行われる場合の両方で問題になります．

まず，有人宇宙活動にどんな危険性が伴うのかを確認しておきましょう．第1に，事故の可能性があります．例えば米国では，チャレンジャー号事故（1986）とコロンビア号事故（2003）という2度のスペースシャトル事故で多数の犠牲者が出ました．宇宙輸送技術はいまだに安全とはほど遠いのです．第2に，宇宙環境がもたらす生理的（身体的）影響があります．具体的には，宇宙放射線の被ばくや，微小重力に起因する骨量の減少や筋肉の萎縮，視力の低下などが知られています（第1巻第5章（石原昭彦・寺田昌弘）参照）．特に深刻なのが放射線被ばくです．宇宙空間には強い放射線が飛び交っており，大気と磁場により守られた地球と違って，宇宙ステーションや月・火星表面ではそれに身をさらすことになります．宇宙に滞在する期間が延びて被ばく量が増加するにつれて，発がん率や白内障の発症確率が高まります．また，突発的な

128 ｜ 6　人が宇宙へ行く意味

太陽フレアに見舞われた場合には，たった一度で深刻な影響が生じます．漫画『プラネテス』（幸村，2001～2004）で，地球周回軌道上でスペースデブリ除去作業に従事していた主人公が太陽フレアに見舞われて危うく命を落としかけますが，これは実際に起こりうることなのです．第3に，宇宙船や宇宙ステーション，宇宙基地といった閉鎖環境がもたらすストレスのような，心理的影響があります．平野啓一郎の小説『ドーン』（2012）には，有人火星探査ミッション中にこうしたストレスが原因で生じるトラブルと悲劇がリアルに描かれていますので，参考に読んでみてください．

　こうした危険があるにもかかわらず有人火星探査や民間宇宙旅行が実施されようとしていますが，倫理的に問題ないのでしょうか？　それは本人の問題だ，という人が多いと思います．確かに，本人が自ら参加することを望む限りその意思を尊重すべきだ，というのは個人の自由を重視するリベラリズムに則った，一つの考え方です．ただしこの場合でも，危険な活動に従事する以上，そのことがもたらしうる具体的なリスクについて，有人宇宙活動に参加する人から十分な説明と理解に基づく同意（これは「インフォームド・コンセント」と呼ばれます）を得ることが要求されます．しかし，こうした同意さえあればよいのかは疑問です．というのも，リベラリズムの枠内でも，例えば麻薬の濫用のように，他者に悪影響を及ぼさなくても本人があまりに大きな危害を被りうる行為に関しては，本人の意思に反した干渉が認められることが多いからです．ミッションの内容次第では有人宇宙活動に参加することの危険性があまりに大きいと判断される場合があるかもしれません．6.1節で紹介した，マーズ・ワンの計画する片道切符の火星移住などは，まさにその場合に該当するでしょう．

　以上の理由で，危険を伴う有人宇宙活動に参加してよいかどうかは，単純に個人の問題と割りきってしまうことはできません．それが許容されるかどうか，あるいはどんな条件下で許容されるかは，社会全体で考え，議論していくべき問題なのです．こうした議論の結果，公的事業として有人宇宙活動を行うことを思いとどまったり，民間宇宙旅行に規制を加えたりすることが必要になるかもしれません．

6.3　有人宇宙活動のデメリット｜129

6.4　有人宇宙活動と人間の文化

　ここまではネガティブで夢のない話が続いてきたので，最後に人が宇宙へ行くことのポジティブな側面についても述べておこうと思います．

　人が宇宙へ行くことの意味を考える際には，踏まえておかなければならない事実があります．それは，ここまでにも折に触れて述べてきましたが，技術が進歩しても結局少数の人しか宇宙へ行けるようにならない，という事実です．確かに，よくいわれるように，民間宇宙旅行が普及すれば，厳しい選抜をくぐり抜けた宇宙飛行士でなくても宇宙へ行けるようになるでしょう．しかし，だからといって，「誰もが宇宙へ行ける時代がいずれやってくる」などというのは，大嘘です．野心的なビジョンを打ち出すことで知られたイーロン・マスクですら，目標にしているのは，火星旅行の費用を 2000 万円，だいたい家 1 軒分の値段まで下げることです．数万から数十万円程度の費用しかかからない海外旅行へ行くことすらなかなかできない人が日本のような豊かな国にも大勢いることを考えると，宇宙旅行がいかにぜいたくなレジャーなのかわかるでしょう．選ばれた宇宙飛行士以外の人も宇宙へ行けるようになるかもしれませんが，やはり恵まれた人でないと宇宙へは行けないのです．これら一部の人しか味わうことのできない価値は，人が宇宙へ行くことの意味としては取るに足らないものです．

　そこで注目すべきなのは，人々の間で共有される文化です．もし有人宇宙活動とそれを通した人類の宇宙進出が高い文化的価値を有するならば，宇宙に行けない人も含めて，多くの人がその分け前に与ることになります．文化というものは非常に捉えどころがないですが，それが人類と宇宙開発の進む方向性を左右する大きな要因であることは間違いありません．

　文化が宇宙開発の進め方に影響を与えた例としては，ロシアのケースがあります．米国や日本では，有人宇宙活動を進める上でしばしばその意義について説明を求められますが，対照的にロシアでは，有人宇宙活動がこうした説明を求められないままに行われているそうです．それには様々な理由がありますが，ロシア宇宙開発史の専門家である冨田信之（冨田，2012）によると，その

一つは,「ロシア・コスミズム」という思想が浸透していることです.ロシア・コスミズムとは,キリスト教の一派であるロシア正教の影響を受けて,19世紀後半から20世紀前半にロシアで展開された哲学思想です.宇宙進出を通して人間を進化させ,人間と宇宙の一体化を実現することを人類の目標に掲げており,ツィオルコフスキーにも影響を与えたといわれています.現在の視点から振り返れば,科学的にも倫理学的にも怪しい考え方だといわざるをえません.しかし,正しいか間違っているかはさておき,思想文化というつかみどころのないものが宇宙開発に影響を及ぼした実例だとはいえるでしょう.

また,文化が宇宙開発の進め方に影響を与えるだけでなく,その反対に,宇宙開発が文化のあり方に影響を与えることもあります.例としては,「俯瞰効果,overview effect」と呼ばれるものが有名です.これは,宇宙に行った人が宇宙から地球を眺める体験,あるいはそれ以外の人々が宇宙から撮影された地球の写真を見る体験を通して生じる考え方の変化で,国境を越えた普遍的な人類愛や,美しい地球を守ろうという環境意識を育むといわれます.重要なのは,宇宙へ行っていない人にもその影響が及ぶという点です.実際に,アポロ計画で宇宙飛行士が撮影した「地球の出(Earthrise)」(図1.2, p.2)や「ザ・ブルー・マーブル(The Blue Marble)」(図1.1, p.1)(口絵1)といった地球の写真は,当時,世界中の人々に大きなインパクトを与えたといわれています.

さらに興味深いのは,宇宙開発が進んでいく中で,宇宙や地球を巡る文化も大きく変化するということです.人々の地球観の変化を象徴する出来事として注目すべきは,「ホーム・プラネット」という言葉が普及したことです.この言葉は20世紀初め頃からSFなどで使われていたようですが,宇宙開発の進展に合わせて広く用いられるようになりました[9].特に,この言葉を世に広める一つのきっかけになったのは,1988年に出版された*The Home Planet*という写真集です.この本は,アポロ計画で宇宙飛行士たちが撮影した地球の写真を集めたもので,日本でも『地球／母なる星』(ケリー,1988)という題名で翻訳

---

9) ちなみに「ホーム・プラネット」とは対照的に,「宇宙植民,space colonization」という言葉は,1980年頃をピークにあまり用いられなくなってきています.

されています．この言葉が頻繁に使われるようになったという事実からは，地球を人類にとって本来属している「家」とする考え方が人々の意識に浸透したことがうかがわれます．

　これは，宇宙開発が始まった当初には，思いもよらないことでした．宇宙開発が始まる前，宇宙旅行を夢見る人々は，地球のことを「揺籃」と呼んでいました．前に述べたように，この言葉には，人類はいずれ地球から出ていかざるをえない，という運命論的な考え方が込められています．また，宇宙開発が始まった頃は，人々が宇宙へ出ていくことで，地球を大切に思わなくなってしまうのではないか，と心配する人もいたそうです．事実はその正反対で，人類は地球の外へ出ることでむしろ地球の大切さを確かめることになりました．つまり，地球という惑星に対する人々の見方が，人類が地球を飛び出したスプートニク計画やアポロ計画の前後で，いつかは出ていくべき「揺籃」から，出ていってもいずれ帰ってくるべき「家」へと，大きく変化したわけです．1972 年にアポロ計画が終了した後，地球以外の天体に到達した人間は一人もいません（ISS は地上 400 km を回っているだけです）．そのためかアポロ時代に確立された地球観は今でも大きく変化していないと思われます．宇宙を舞台にした最近の映画を見ても，「ゼロ・グラビティ」（2013）や「オデッセイ」（2016）のように「帰還」をモチーフにした作品が多いことは，その一つの証拠と見なせるかもしれません．

　以上で紹介したような文化との相互作用の中で，宇宙開発は，地球を離れていくというよりも，地球のかけがえのなさを認識し，そこに住む人々の生活を豊かにする方向で進められてきました．それでは今後，人類が月を超えて火星やより遠い宇宙空間へ進出していき，また民間宇宙旅行の普及によって（誰もがではなくとも）一般の人々も宇宙へ行けるようになることで，どんな新しい文化が形成されるのでしょうか？　未来を予測することは困難ですが，ここではよく言及される 2 つの可能性を紹介しておきましょう．

　一つは，「コスモポリタニズム」が普及する可能性です．コスモポリタニズムとは，全ての人間が国籍に関係なく一つの共同体に属す世界市民である，という政治思想です．俯瞰効果に含まれる普遍的人類愛はまさにこのコスモポリタニズムを促進するものと考えられます．これが世界平和の実現に貢献すると

いう楽観的希望を抱く人もいました．実際にはそうなっていませんが，このほかにもコスモポリタニズムが地球上の問題の解決に貢献する可能性があります．例えば，人間の流動化の促進が挙げられます．世界全体では人口が爆発的に増加して地球環境を脅かしている一方で，日本を含む先進国は少子化による人口減少に苦しんでいます．この状況を打開する一つの鍵は，人間の移動コストを下げ，人口を流動化させることです．ここでいう「移動コスト」には経済的なものだけでなく心理的なものも含まれます．現在では世界各国で偏狭なナショナリズムが吹き荒れており，生まれた国を離れてよそへ移動することに心理的な抵抗感を覚える人が多いでしょうが，コスモポリタニズムが普及すればこうした抵抗感は減るでしょう．

もう一つの可能性は，人類を一体化させるコスモポリタニズムとは反対に，人類を多様化させていくというものです．人類が複数の天体に分かれて住み，それぞれに社会を発展させていけば，多彩な文化が生み出されることになります．物理学者のフリーマン・ダイソン（Freeman J. Dyson）は，こうして宇宙進出によって人類が多様性を増していくことは，地球上の問題を処理しやすくする，と論じました．例えば，子どもをたくさんもちたい人が宇宙へ出ていける可能性があることは，人口問題に対処するために地球上で子どもをもつことに制限を加えることの心理的ハードルを下げるだろう，と述べています（ダイソン，2006 下）．また，惑星科学者のカール・セーガン（Carl E. Sagan）は，宇宙進出を通して生み出された多様な文化は，人類の存続にとっての武器になる，と論じています（セーガン，1998 下）．

ここで述べたのはほんの一例で，宇宙進出がもたらす文化はもっと驚くべきものになり，その影響はもっと大規模に人々の考え方と地球上の問題のあり方を変える可能性があります．とはいえ，これらの文化的効果が有人宇宙活動に巨額の公的資金を投入する理由になるかというと，私はそうは考えていません．その理由の一つは，文化的影響というものが予測や評価のしにくいものだからです．もう一つの理由は，文化もまた，夢と同じくそれを受け入れるかどうかが個人の価値観に依存するがゆえに，国家の介入すべきものではないと考えられるからです．このことから考えると，今後の人類の宇宙進出は，国家ではなく民間企業を含む個人が，私的な動機に基づいて主導していかざるをえな

いのではないでしょうか．前出の漫画『プラネテス』に登場する「わがままになるのが怖い奴に宇宙は拓けねェさ」という言葉は，この点を的確に射抜いており，注目に値します．いずれにしても，「未知の世界への探検衝動」や「人類の存続」といった，あたかも自分が人類を代表しているかのような，上から目線の大義名分よりも，一般の人々の意識に深く根差した文化の中にこそ，今後の人類の宇宙進出のゆくえを左右していく大きなポテンシャルが秘められているのではないか，と私は思うのです．

6.5　おわりに

　本章では，人が宇宙に行くことの意味について論じてきましたが，明確な答を提示してはいません．これまでに提案されてきたアイディアの代表的なものについては倫理学的に受け入れがたいことを示しましたし（6.2節），特に公的事業として有人宇宙活動を推進することについては批判的な意見を述べました（6.3節，6.4節）．しかし私は，読者の皆さんにこれらの答を受け入れるように説得するつもりはありません．哲学にはいろいろな考え方がありますし，哲学とは誰もが参加できる学問です．本章に書かれたものとは異なる考え方が出てくれば，それはさらなる議論を巻き起こして哲学を豊かにするのであり，歓迎すべきことです．

　長いタイムスパンで考えれば，人類にとって，太陽系を利用し，また地球を守っていくために，宇宙へ進出していくことは一つの選択肢となるかもしれません．また，公的事業として推進するのに十分な倫理的根拠があろうとなかろうと，いつか人類が本格的に宇宙へ出ていくのはありそうなことです．ただしそれは，富や力をもった一部の人々のためだけでなく，少なくとも人類全体のため（できれば地球上の生命全体のため）に行われるものでなければなりません．人類の宇宙進出がそのような形で進められるようにするために，多くの人が活発な議論を行っていくことが大切です．

引用文献

呉羽　真：人類絶滅のリスクと宇宙進出—宇宙倫理学序説，現代思想，2017 年 7 月号：226-

237，2017a.

呉羽　真：宇宙倫理学プロジェクト―惑星科学との対話に開かれた探求として，日本惑星科学会誌 遊星人，**26**（4）：174-181，2017b.

ケリー，ケヴィン・W（企画・編集），竹内　均（監修），田草川弘ほか（訳）：地球／母なる星―宇宙飛行士が見た地球の荘厳と宇宙の神秘，小学館，1988.

シンガー，ピーター（著），関　美和（訳）：あなたが世界のためにできるたったひとつのこと―〈効果的な利他主義〉のすすめ，NHK 出版，2015.

鈴木光太郎：ヒトの心はどう進化したのか―狩猟採集生活が生んだもの，筑摩書房，2013.

セーガン，カール（著），森　暁雄（訳）：惑星へ（上・下），朝日新聞社，1998.

セミョーノヴァ，S・G，ガーチェヴァ，A・G（著），西中村浩（訳）：ロシアの宇宙精神，p.109，せりか書房，1997.

ダイソン，フリーマン（著），鎮目恭夫（訳）：宇宙をかき乱すべきか―ダイソン自伝（上下巻），筑摩書房，2006.

立花　隆：四次元時計は狂わない―21 世紀 文明の逆説，文藝春秋，2014.

ドブス，デビッド：落ち着きのない遺伝子，ナショナルジオグラフィック日本版，2013 年 1月号：60-73，2012.

冨田信之：ロシア宇宙開発史―気球からヴォストークまで，東京大学出版会，2012.

長谷川寿一・長谷川眞理子：進化と人間行動，pp.10-11，東京大学出版会，2000.

International Space Exploration Coordination Group（ISECG）: The Global Exploration Roadmap（3rd Ed），2018. http://www.globalspaceexploration.org/wordpress/wp-content/isecg/GER_2018_small_mobile.pdf（2019 年 9 月 21 日閲覧）

Milligan, Tony: *Nobody Owns the Moon: The Ethics of Space Exploitation*, McFarland, 2015.

Schwartz, James S. J.: Our Moral Obligation to Support Space Exploration. *Environmental Ethics,* 33: 67-88, 2011.

参考文献：初心者向け

幸村　誠：プラネテス（全 4 巻），講談社，2001-2004.
　　宇宙でスペースデブリ除去作業に従事する青年を主人公にした近未来 SF 漫画です．人はなぜ宇宙へ行くのか，を考えるのによい素材になるでしょう．

参考文献：中・上級者向け

伊勢田哲治ほか編：宇宙倫理学，昭和堂，2018.
　　宇宙倫理学という分野の諸問題を体系的に扱った本です．下記の稲葉振一郎『宇宙倫理学入門』より入門的な内容で，特にスペースデブリや宇宙事故のリスクなど，現実的な話題を重点的に論じています．

稲葉振一郎：宇宙倫理学入門―人工知能はスペース・コロニーの夢を見るか？　ナカニシヤ出版，2016.
　　宇宙倫理学という分野の日本初の書籍です．有人宇宙活動を可能にする政治的条件について，人格的ロボットやポストヒューマンといった SF 的な話題と絡めつつ論じています．

木下冨雄（代表），国際高等研究所，宇宙航空研究開発機構：宇宙問題への人文・社会科学からのアプローチ，国際高等研究所，2009.

　人文学・社会科学の様々な視点から宇宙開発について論じた貴重な本です．

竹内　薫ほか：現代思想 2017 年 7 月号 特集＝宇宙のフロンティア—系外惑星・地球外生命・宇宙倫理……—，現代思想，2017.

　思想系の雑誌としては珍しい，「宇宙」をテーマにした特集号です．宇宙科学の最先端の動向の紹介と並んで，宇宙開発に関する倫理的，社会的，文化的話題についての論考が収録されています．

平野啓一郎：ドーン，講談社，2012.

　人類初の有人火星探査を成し遂げた宇宙飛行士を主人公としたエンターテインメント小説です．地球から遠く離れ，閉ざされた宇宙船内で起きた出来事の真相がストーリーの核になっています．SF というより政治劇で，読み応えがあります．

あとがき──なぜ私たちは宇宙に行くのか

大野照文

　私は，化石をもとに地球の生き物の歴史を調べる古生物学を研究しています．化石少年だった私の「宇宙」との出会いは，1970年の夏，大学に入ってまもなく，デボン紀の化石の採集に訪れた飛騨山地の山奥，福地（岐阜県高山市奥飛騨温泉郷福地）の夜に始まります．そこには，天空を横切る銀河の無数の星が輝いていました．2000年代の初めには，岐阜大学の川上紳一教授（現岐阜聖徳学園大学）を団長に，多細胞動物が出現した頃の様子を調べるため，ナミビアやオーストラリアの砂漠地帯に赴きました．ここでも銀河を見ることができましたが，乾燥地帯でより鮮明に輝くのを見て，宇宙の広大さに比べて，自分はなんとちっぽけな存在なんだろうか，そのちっぽけな自分はどこから来たのだろうか，そして自身の有限の命を超えて，宇宙は未来永劫続くのだろうかと，感慨にふけったことを思い出します．昔の人も，天文現象には，様々な思いを抱いたようです．紀元前1000〜500年頃インドで編纂されたバラモン教とヒンドゥー教の聖典「ヴェーダ」の中に，「太陽は再び昇るのだろうか？　旧友である暁は再び帰ってくるのだろうか？　光の神は暗黒の力を打ち負かすだろうか？」という問があるそうです．

　19世紀のフランスの画家，ポール・ゴーギャン（Paul Gauguin）の言葉「我々はどこから来たのか，我々は何者か，我々はどこへ行くのか」は大変有名ですが，まさに星空を見上げるとき，今も昔も，人の心にはこの言葉に象徴されるような思いがこみあげてきます．宇宙をテーマとする本書からはゴーギャンの3つの問について，様々な観点から考えるヒントをいくつも得ることができます．

　さて，私がもし宇宙に行けるとしたら，古生物学者として，火星で生き物の化石を発見したいと思っています．その理由は，次のようなものです．火星へ

小惑星が衝突すると，火星の石が宇宙に投げ出され，その一部は隕石として地球に落下します．第2章でも紹介されているように，1996年，火星からの隕石の中に微生物の化石らしいものが見つかりました．化石かどうかについては今も論争がありますが，火星には大昔，生物が生きてゆけるような環境があったと考えられています．そこで，火星へ出かけ，その痕跡である化石を発見したいと思うわけです．

　ところで，本書にも書かれているように，人が宇宙に行きたいと思う理由は様々です．そして，その夢を叶える手段は，宇宙探査機や，それを正確に目的地まで届ける制御の技術によって実現されつつあります．そこで，読者の皆さんも，自分なら宇宙でどのようなことをしたいか決めて思考実験してみてはいかがでしょうか．そんなことを考えながら夜空に広がる銀河や星座を眺めると，想像の翼があなたを宇宙の高みへと導いてくれると思います．

　さて，私たち人類の知性の最大の特徴は，自分の心の中に他者の目をおいて，自分を俯瞰的に眺めることができることです．そういう知性をもった私たちが宇宙に行くことは，単に宇宙についての理解を深めるだけでなく，地球を俯瞰的に眺めることを通じて国境を越えた普遍的な人類愛や，美しい地球を守ろうという環境意識にまでつながる可能性をもった，極めて重要な営みであると私は思います．このことを読者の皆さんに読み取っていただけることを期待しています．

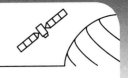

索　引

欧　文

ALMA 望遠鏡　68, 69

B 型小惑星　23

C 型小惑星　22

DNA　27, 29

GADV 仮説　41
GPS　81
GRB（ガンマ線バースト）　101, 111, 112, 114
　　継続時間の長い――　112
　　継続時間の短い――　113

HAMMER（宇宙船）　104

ISS　68, 71, 90

K-Pg 境界　106

MMX　14

NEO　103

RNA　32, 36
RNA ワールド仮説　36

S 型小惑星　19
SETI　51

SLIM 計画　12

X 線　59, 62, 67, 71, 74
X 線 CT 分析　20
X 線天文衛星　74

ア　行

アストロバイオロジー　42
アポロ計画　3, 9, 12, 23, 117, 132
アポロ 11 号　12
アミノ酸　31, 41, 43, 54

遺伝暗号　32, 41, 54
遺伝子　28, 31, 51, 120
遺伝的決定論　121
イトカワ　3, 15, 17, 76
イトカワ粒子　20
隕石　7, 14, 19, 34, 42, 104
インフォームド・コンセント　129

ヴァージン・ギャラクティック社　118
ヴィルト第 2 彗星　16
宇宙エレベーター　91
宇宙機　3, 81
宇宙基本法　126
宇宙構造物　90
宇宙災害　101
宇宙条約　9
宇宙船地球号　2
宇宙探査衛星　74, 76, 78
宇宙風化作用　19
宇宙風化層　22

索引　｜　139

宇宙への扉　70
宇宙放射線　128
宇宙旅行　118, 130
ウルティマ・トゥーレ　16

永久影　12
エウロパ（木星の衛星）　3, 46
エロス　15
エンケラドゥス（土星の衛星）　5, 15, 49

オサイリス・レックス　16, 22
オゾン層　113
「オデッセイ」　132
オールトの雲　106, 110
オルドビス紀末の大絶滅　114

カ 行

海王星　15
化学進化　35, 43
ガガーリン，ユーリー　10, 117
核実験監視衛星ヴェラ　111
角度分解能　60
かぐや（探査機）　12, 74, 78
可視光線　59, 62, 66
火星　13, 24, 44, 108, 118, 130
火星衛星探査計画（MMX）　14
火星生命　14
カッシーニ（探査機）　15, 49
ガリレオ（探査機）　15
観測光量　61
観測装置　60, 65, 78
観測ロケット　70, 79
ガンマ線　59, 62, 67, 111
ガンマ線バースト（GRB）　101, 111

気象衛星　74, 82
軌道　71, 74, 85, 87, 103
きぼう　71, 90
キュリオシティー（探査車）　14
巨大隕石　104
巨大天体衝突　124
金星　13

空間分解能　66
クレーター　105

ゲノム　28, 52

工学実験　70
航空機　69
高山　68
光子　59
合成生物学　52
酵素　28, 36, 55
公転　86
鉱物　20, 23
国際宇宙ステーション（ISS）　68, 71, 90
国際宇宙ステーション（ISS）計画　117
国際天文学連合小惑星センター　103
コスト　126
コスモポリタニズム　132
コロンビア号事故　128
コントロールモーメントジャイロ　88

サ 行

サイクロイド　98
最速降下線問題　97
最適化　88
最適制御問題　96
細胞　27, 53
雑音　65
サドベリー・ドーム　105
「ザ・ブルー・マーブル」　2, 131
サンプル採取　20
サンプルリターン　10, 23, 24, 78

ジェネシス（人工衛星）　13
紫外線　36, 59, 62, 67, 76, 114
時間情報　61, 81, 87
時間分解能　66
システム　93
自転　84, 87
ジャイロモーメント　89
小天体　103
衝突クレーター　17

140 ｜ 索引

小惑星　15, 43, 60, 103
小惑星衝突　106
進化　32, 121, 131
深海探査　8
人工衛星　10, 68, 71, 74, 81, 108, 117
人類
　——の運命　120
　——の存続　124

水星　14, 78
彗星　106
スイングバイ　87
スターダスト　16
スーパーフレア　102, 107, 108
スプートニク1号　10
スペースX社　118
スペースガード協会　103
スペース・コロニー　92, 123
スペースプレーン　99
スラスター　88

制御　81, 88, 93, 96, 99
静止衛星　82, 84, 91
政治哲学　127
世界周航　6
セーガン，カール　133
赤外線　59, 62, 66
赤外線天文衛星　75
絶滅周期説　110
セドナ　111
セレス　16
「ゼロ・グラビティ」　132

タ　行

第1宇宙速度　83
第2宇宙速度　86
大気　22, 35, 65, 67
大気球　69, 79
大気散乱　67
大規模絶滅　101
大航海時代　6, 23
代謝　28, 44

ダイソン，フリーマン　133
タイタン（土星の衛星）　48
太陽観測衛星　75
太陽系外縁天体　111
太陽系大航海時代　23
太陽風　13
太陽フレア　107, 128
立花隆　127
多波長同時観測　62
探査機　5, 23, 81, 86
タンパク質　28, 31, 36, 55
タンパク質ワールド仮説　40

地球近傍天体（NEO）　103
地球周回衛星　10
地球深部探査船（掘削船）「ちきゅう」　8
「地球の出」　2, 131
チクシュルーブクレーター　106
チャレンジャー号事故　128
チャレンジャー号探検航海　8
中性子星の合体　113
チュリモフ・ゲラシメンコ彗星　3, 17
超新星爆発　113, 114

ツィオルコフスキー，コンスタンチン　120
月　2, 10, 23, 62
　——のサンプル　12

ディープ・インパクト（探査機）　17
テザー衛星　91
デス・スター銀河　113, 115
哲学　119
テラフォーミング　123
天王星　15
電波　51, 59, 62, 66
電波天文衛星　75
テンペル第1彗星　17
天文衛星　74, 78

到来時間間隔　61
倒立振子　94
土星　15, 48
トルク　89

索引　|　141

ドーン（探査機）　16
『ドーン』　129

ナ　行

南極隕石　7
南極探検　7

ニュー・ホライズンズ（探査機）　15

ネメシス　109
年代測定　20

ハ　行

ハイアワサクレーター　104
バイオスフィア2　109
パイオニア10号　15
パイオニア11号　15
バイキング1号　13
バイキング2号　13
波長情報　62
波長分解能　66
はやぶさ（探査機）　3, 15, 17, 74, 82
はやぶさ2（探査機）　3, 16, 22
ハリー艦隊　16
ハリー彗星　16, 76
バリンジャークレーター　104
汎関数　96
伴銀河　115
反射スペクトル　19
パンスペルミア説　41

比較探査学　9
比較惑星学　9
非可視光線　62
光（電磁波）　59, 64, 78
　――が運ぶ宇宙の情報　65
ビーグル号の航海　6
飛翔体　70
ひとみ（Astro-H）　73
被ばく　107
ピングアルク湖　104

フィードバック制御　94
フィードフォワード制御　95
フィラエ　17
フェルマーの原理　98
俯瞰効果　131
普通コンドライト隕石　19
フライホイール　88
プラトー問題　98
『プラネテス』　129, 134
フレデフォート・ドーム　105

ベスタ　16
ベピ・コロンボ（探査機）　14
偏光情報　64
ベンヌ　16, 23
変分法　97

ボイジャー1号　15, 82
ボイジャー2号　15
ホイヘンス（探査機）　15
冒険遺伝子　120
放射線　36
ボストーク1号　10
北極点到達　8
ホーム・プラネット　131

マ　行

マーズ・パスファインダー（探査車）　13
マーズ・ワン　118
マゼラン（探査機）　13
マゼラン，フェルディナンド　6

水　12, 23
ミドルゴール　104
ミリシーベルト　107, 108

冥王星　5, 15
メタン　45, 48, 49
メッセンジャー　14

木星　15, 46
モホール計画　8

モーメント 89

ヤ 行

有機物 23, 36, 42
有効検出面積 65
有人宇宙活動 117
有人宇宙飛行 10
揺籠 120, 132

ラ 行

ラグランジュ点 13, 93
ラブルパイルモデル 17

リアクションホイール 88
力学 81
リスク 128

リターンサンプル 23
リベラリズム 127
リボザイム 36
リボソーム 38
リュウグウ 3, 16, 22
倫理学 119

ルナ計画 23
ルナ 16 号 12

レゴリス 17

ロシア・コスミズム 131
ロゼッタ（探査機） 3, 17

ワ 行

惑星分光観測衛星 75

シリーズ〈宇宙総合学〉3
人類はなぜ宇宙へ行くのか　　　定価はカバーに表示

2019 年 12 月 10 日　初版第 1 刷

編　集	京　都　大　学 宇　宙　総　合　学 研　究　ユ　ニ　ッ　ト
発行者	朝　倉　誠　造
発行所	株式 会社　朝　倉　書　店

東京都新宿区新小川町 6 - 29
郵 便 番 号　162 - 8707
電　話 03(3260)0141
ＦＡＸ 03(3260)0180
http : //www.asakura.co.jp

〈検印省略〉

Ⓒ 2019〈無断複写・転載を禁ず〉　　　シナノ印刷・渡辺製本

ISBN 978-4-254-15523-5　C 3344　　　Printed in Japan

JCOPY〈出版者著作権管理機構　委託出版物〉
本書の無断複写は著作権法上での例外を除き禁じられています．複写される場合は，
そのつど事前に，出版者著作権管理機構（電話 03-5244-5088，ＦＡＸ03-5244-5089,
e-mail: info@copy.or.jp）の許諾を得てください．

◆ 数学オリンピックへの道〈全3巻〉 ◆

国際数学オリンピックを目指す方々へ贈る精選問題集

T.アンドレースク・Z.フェン著
前東女大 小林一章・前早大 鈴木晋一監訳
数学オリンピックへの道1

組 合 せ 論 の 精 選 102 問

11807-0 C3341 　　　　A 5 判 160頁 本体2800円

国際数学オリンピック・アメリカ代表チームの訓練や選抜で使われた問題から選り抜かれた102問を収めた精選問題集。難問奇問の寄せ集めではなく、これらを解いていくことで組合せ論のコツや技術が身につけられる構成となっている。

T.アンドレースク・Z.フェン著
前東女大 小林一章・前早大 鈴木晋一監訳
数学オリンピックへの道2

三 角 法 の 精 選 103 問

11808-7 C3341 　　　　A 5 判 240頁 本体3400円

国際数学オリンピック・アメリカ代表チームの訓練や選抜で使われた問題から選り抜かれた103問を収めた三角法の精選問題集。三角法に関する技能や技術を徐々に作り上げてゆくことができる。第1章には三角法に関する基本事項をまとめた。

T.アンドレースク・D.アンドリカ・Z.フェン著
前東女大 小林一章・前早大 鈴木晋一監訳
数学オリンピックへの道3

数 論 の 精 選 104 問

11809-4 C3341 　　　　A 5 判 232頁 本体3400円

国際数学オリンピック・アメリカ代表チームの訓練や選抜で使われた問題から選り抜かれた104問を収めた数論の精選問題集。数論に関する技能や技術を徐々に作り上げてゆくことができる。第1章には数論に関する基本事項をまとめた。

U.C.メルツバッハ・C.B.ボイヤー著
三浦伸夫・三宅克哉監修 久村典子訳
メルツバッハ
&ボイヤー 数 学 の 歴 史 Ⅰ
　　　—数学の萌芽から17世紀前期まで—

11150-7 C3041 　　　　A 5 判 484頁 本体6500円

Merzbach&Boyer による 通史 A History of Mathematics 3rd ed.を2分冊で全訳。〔内容〕起源／古代エジプト／メソポタミア／ギリシャ／エウクレイデス／アルキメデス／アポロニオス／中国／インド／イスラム／ルネサンス／近代初期／他

U.C.メルツバッハ・C.B.ボイヤー著
三浦伸夫・三宅克哉監修 久村典子訳
メルツバッハ
&ボイヤー 数 学 の 歴 史 Ⅱ
　　　—17世紀後期から現代へ—

11151-4 C3041 　　　　A 5 判 372頁 本体5500円

数学の萌芽から古代・中世と辿ってきたⅠ巻につづき、Ⅱ巻ではニュートンの登場から現代にいたる流れを紹介。〔内容〕イギリスと大陸／オイラー／革命前後のフランス／ガウス／幾何学／代数学／解析学／20世紀の遺産／最新の動向

前東女大 小林一章監修

獲得金メダル！国際数学オリンピック
　　　—メダリストが教える解き方と技—

11132-3 C3041 　　　　A 5 判 192頁 本体2600円

数学オリンピック（JMO・IMO）出場者自身による、類例のない数学オリンピック問題の解説書。単なる「問題と解答」にとどまらず、知っておきたい知識や実際の試験での考え方、答案の組み立て方などにも踏み込んで高い実践力を養成する。

数学オリンピック財団 野口 廣著
シリーズ〈数学の世界〉7

数 学 オ リ ン ピ ッ ク 教 室

11567-3 C3341 　　　　A 5 判 140頁 本体2700円

数学オリンピックに挑戦しようと思う読者は、第一歩として何をどう学んだらよいのか。挑戦者に必要な数学を丁寧に解説しながら、問題を解くアイデアと道筋を具体的に示す。〔内容〕集合と写像／代数／数論／組み合せ論とグラフ／幾何

数学オリンピック財団 野口 廣監修
数学オリンピック財団編

数 学 オ リ ン ピ ッ ク 事 典
　　　—問題と解法— 〔基礎編〕〔演習編〕

11087-6 C3541 　　　　B 5 判 864頁 本体18000円

国際数学オリンピックの全問題の他に、日本数学オリンピックの予選・本戦の問題、全米数学オリンピックの本戦・予選の問題を網羅し、さらにロシア（ソ連）・ヨーロッパ諸国の問題を精選して、詳しい解説を加えた。各問題は分野別に分類し、易しい問題を基礎編に、難易度の高い問題を演習編におさめた。基本的な記号、公式、概念など数学の基礎を中学生にもわかるように説明した章を設け、また各分野ごとに体系的な知識が得られるような解説を付けた。世界で初めての集大成。

◈ 国際化学オリンピックに挑戦！〈全5巻〉 ◈

監修 日本化学会 化学オリンピック支援委員会/化学グランプリ・オリンピック委員会オリンピック小委員会

国際化学オリンピックOBOG会編
国際化学オリンピックに挑戦！1
―基礎―
14681-3 C3343　　　　A 5 判 160頁 本体2600円

大会のしくみや世界標準の化学と日本の教育課程との違い，実際に出題された問題を解くにあたって必要な基礎知識を解説。〔内容〕参加者の仕事/出題範囲/日本の指導要領との対比/実際の問題に挑戦するために必要な化学の知識/他

国際化学オリンピックOBOG会編
国際化学オリンピックに挑戦！2
―無機化学・分析化学―
14682-0 C3343　　　　A 5 判 160頁 本体2600円

実際の大会で出題された問題を例に，世界標準の無機化学を高校生に向け解説。〔内容〕物質の構造（原子，分子，結晶）/無機化合物の反応（酸化と還元，組成計算，錯体他）/物質の量の分析（酸解離平衡，滴定，吸光分析他）/総合問題

国際化学オリンピックOBOG会編
国際化学オリンピックに挑戦！3
―物理化学―
14683-7 C3343　　　　A 5 判 160頁 本体2600円

実際の大会で出題された問題を例に，世界標準の物理化学を高校生に向け解説。〔内容〕熱力学（エントロピー，ギブス自由エネルギー他）/反応速度論（活性化エネルギー，半減期他）/量子化学（シュレディンガー方程式他）/総合問題

国際化学オリンピックOBOG会編
国際化学オリンピックに挑戦！4
―有機化学―
14684-4 C3343　　　　A 5 判 168頁 本体2600円

実際の大会で出題された問題を例に，世界標準の有機化学を高校生に向け解説。〔内容〕有機化学とは/有機化合物（構造式の描き方，官能基，立体化学他）/有機反応（置換，付加，脱離他）/構造解析（IR，NMRスペクトル）/総合問題

国際化学オリンピックOBOG会編
国際化学オリンピックに挑戦！5
―実験―
14685-1 C3343　　　　A 5 判 192頁 本体2600円

総合問題を解説するほか，本大会の実験試験を例に，実践に生かせるスキルを紹介。〔内容〕総合問題（生化学，高分子）/実験試験の概要（試験の流れ，計画の立て方他）/実際の試験（定性分析，合成分離，滴定他）/OBOGからのメッセージ

前東大 大津元一監修
テクノ・シナジー 田所利康・東工大 石川 謙著
イラストレイテッド 光 の 科 学
13113-0 C3042　　　　B 5 判 128頁 本体3000円

豊富なカラー写真とカラーイラストを通して，教科書だけでは伝わらない光学の基礎とその魅力を紹介。〔内容〕波としての光の性質/ガラスの中で光は何をしているのか/光の振る舞いを調べる/なぜヒマワリは黄色く見えるのか

前東大 大津元一監修　テクノ・シナジー 田所利康著
イラストレイテッド 光 の 実 験
13120-8 C3042　　　　B 5 判 128頁 本体2800円

回折，反射，干渉など光学現象の面白さ・美しさを実感できる実験，観察対象などを紹介。実践できるように実験・撮影条件，コツも記載。オールカラー〔内容〕撮影方法/光の可視化/色/虹・逃げ水/スペクトル/色彩/ミクロ/物作り/他

立命館大 北岡明佳著
イラストレイテッド 錯視のしくみ
10290-1 C3040　　　　B 5 判 128頁 本体2900円

オールカラーで錯視を楽しみ，しくみを理解する。自分で作品をつくる参考に。〔内容〕赤くないのに赤く見えるイチゴ/ムンカー錯視/並置混色/静脈が青く見える/色の補完/おどるハート/フレーザー・ウィルコックス錯視ほか

立命館大 北岡明佳著
錯 視 入 門
10226-0 C3040　　　　B 5 変判 248頁 本体3500円

錯視研究の第一人者が書き下ろす最適の入門書。オリジナル図版を満載し，読者を不可思議な世界へ誘う。〔内容〕幾何学的錯視/明るさの錯視/色の錯視/動く錯視/視覚的補完/消える錯視/立体視と空間視/隠し絵/顔の錯視/錯視の分類

◈ シリーズ〈宇宙総合学〉〈全4巻〉 ◈
文理融合で宇宙研究の現在を紹介

京都大学宇宙総合学研究ユニット編
シリーズ〈宇宙総合学〉1
人類が生きる場所としての宇宙
15521-1 C3344　　　　A 5 判 144頁 本体2300円

文理融合で宇宙研究の現在を紹介するシリーズ。人類は宇宙とどう付き合うか。〔内容〕宇宙総合学とは／有人宇宙開発のこれまでとこれから／宇宙への行き方／太陽の脅威とスーパーフレア／宇宙医学／宇宙開発利用の倫理

京都大学宇宙総合学研究ユニット編
シリーズ〈宇宙総合学〉2
人類は宇宙をどう見てきたか
15522-8 C3344　　　　A 5 判 164頁 本体2300円

文理融合で宇宙研究の現在を紹介するシリーズ。人類は宇宙をどう眺めてきたのか。[内容]人類の宇宙観の変遷／最新宇宙論／オーロラ／宇宙の覗き方(京大3.8m望遠鏡)／宇宙と人のこころと宗教／宇宙人文学／歴史文献中のオーロラ記録

京都大学宇宙総合学研究ユニット編
シリーズ〈宇宙総合学〉4
宇宙にひろがる文明
15524-2 C3344　　　　A 5 判 144頁 本体2300円

文理融合で宇宙研究の現在を紹介するシリーズ。人類は宇宙とどう付き合うか。[内容]宇宙の進化／系外惑星と宇宙生物学／宇宙天気と宇宙気候／インターネットの発展からみた宇宙開発の産業化／宇宙太陽光発電／宇宙人との出会い

京大 嶺重 慎著
ファーストステップ 宇宙の物理
13125-3 C3042　　　　A 5 判 216頁 本体3300円

宇宙物理学の初級テキスト。多くの予備知識なく基礎概念や一般原理の理解に至る丁寧な解説。〔内容〕宇宙を学ぶ／恒星としての太陽／恒星の構造と進化／コンパクト天体と連星系／太陽系惑星と系外惑星／銀河系と系外銀河／現代の宇宙論

京大基礎物理学研究所監修
京大 柴田 大・高エネ研 久徳浩太郎著
Yukawaライブラリー 1
重 力 波 の 源
13801-6 C3342　　　　A 5 判 224頁 本体3400円

重力波の観測成功によりさらなる発展が期待される重力波天文学への手引き。〔内容〕準備／重力波の理論／重力波の観測方法／連星ブラックホールの合体／連星中性子星の合体／大質量星の重力崩壊と重力波／飛翔体を用いた重力波望遠鏡／他

前阪大 高原文郎著
新版 宇 宙 物 理 学
―星・銀河・宇宙論―
13117-8 C3042　　　　A 5 判 264頁 本体4200円

星，銀河，宇宙論についての基本的かつ核心的事項を一冊で学べるように，好評の旧版に宇宙論の章を追加したテキスト。従来の内容の見直しも行い，使いやすさを向上。〔内容〕星の構造／星の進化／中性子星とブラックホール／銀河／宇宙論

国立天文台 渡部潤一監訳　後藤真理子訳
太 陽 系 探 検 ガ イ ド
―エクストリームな50の場所―
15020-9 C3044　　　　B 5 変判 296頁 本体4500円

「太陽系で最も高い山」「最も過酷な環境に耐える生物」など，太陽系の興味深い場所・現象を50トピック厳選し紹介する。最新の知見と豊かなオールカラーのビジュアルを交え，惑星科学の最前線をユーモラスな語り口で体感できる。

東工大 井田 茂・東大 田村元秀・東大 生駒大洋・
東工大 関根康人編
系 外 惑 星 の 事 典
15021-6 C3544　　　　A 5 判 364頁 本体8000円

太陽系外の惑星は，1995年の発見後その数が増え続けている。さらに地球型惑星の発見によって生命という新たな軸での展開も見せている。本書は太陽系天体における生命存在可能性，系外惑星の理論や観測について約160項目を頁単位で平易に解説。シームレスかつ大局的な視点で学べる事典として，研究者・大学生だけでなく，天文ファンにも刺激あふれる読む事典。〔内容〕系外惑星の観測／生命存在居住可能性／惑星形成論／惑星のすがた／主星

上記価格（税別）は 2019 年 11 月現在